大型游乐设施典型案例

（2015—2021年）

马 宁 宋伟科 李加申 编著

清华大学出版社

北京

内 容 简 介

大型游乐设施是游乐园和景区主要的载人特种设备,直接关系乘客的人身安全,其复杂多变的结构形式和运动特点决定了其发生失效和损伤的不确定性。本书是 2015 年出版的"大型游乐设施安全技术丛书"之《大型游乐设施典型案例》的延续,共分为 8 章,内容包括行业发展概况、国内外事故案例、各类设备检验和检测案例等。

本书通过收集 2015—2021 年国内外发生的大型游乐设施典型事故和缺陷等案例,发现其典型失效部位和失效特点,对于设计制造单位优化产品质量、使用单位提高日常维护保养针对性、监管和检验机构加强监察和检验重点,具有重要的借鉴和参考意义。

图书在版编目(CIP)数据

大型游乐设施典型案例:2015—2021 年/马宁,宋伟科,李加申编著.—北京:清华大学出版社,
2022.12

ISBN 978-7-302-62169-0

Ⅰ.①大… Ⅱ.①马… ②宋… ③李… Ⅲ.①游乐场－设施－安全管理－案例－世界－2015-2021
Ⅳ.①TS952.8

中国版本图书馆 CIP 数据核字(2022)第 209791 号

责任编辑:冯　昕　苗庆波
封面设计:傅瑞学
责任校对:赵丽敏
责任印制:沈　露

出版发行:清华大学出版社
　　　　　网　　　址:http://www.tup.com.cn,http://www.wqbook.com
　　　　　地　　　址:北京清华大学学研大厦 A 座　　　　邮　　　编:100084
　　　　　社 总 机:010-83470000　　　　　　　　　　　邮　　　购:010-62786544
　　　　　投稿与读者服务:010-62776969,c-service@tup.tsinghua.edu.cn
　　　　　质量反馈:010-62772015,zhiliang@tup.tsinghua.edu.cn
印 装 者:三河市龙大印装有限公司
经　　销:全国新华书店
开　　本:185mm×260mm　　　　印　　张:12.75　　　　字　　数:308 千字
版　　次:2022 年 12 月第 1 版　　　　　　　　　　　印　　次:2022 年 12 月第 1 次印刷
定　　价:98.00 元

产品编号:098221-01

序

  游乐设施是人民追求幸福生活和青少年放飞自我的重要载体,大型游乐设施作为 8 大类特种设备中复杂的载人机械设备,被称为"特种设备当中的特种设备",由于其种类繁多,运动形式多样,且大多和青少年儿童的生命安全密切相关,一旦发生事故造成人们心理反差巨大,特别容易受到社会舆论的高度关注。2015 年以来,由于房地产等对文化旅游行业的持续拉动,各地游乐园和景区建设如火如荼,大型游乐设施数量持续增长,截至 2021 年年底,我国(不包含港澳台地区)拥有大型游乐设施 2.52 万台(套),设计制造单位超过 120 家,使用单位超过 2000 家,如广东金马游乐股份有限公司的产品已具备一定的国际知名度,迪士尼和环球影城等国际知名主题乐园落户我国,欢乐谷、华强方特、长隆等主题公园每年客流量已进入世界游乐园前 10 名。这表明我国游乐设施行业发展的巨大进步和潜力。但我们也应该认识到,近年来,大型游乐设施事故还时有发生,原因是多方面的,其中中小型制造企业技术水平不高和小型游乐园的管理能力不足是导致事故发生的重要原因。

  中国特种设备检测研究院作为全国大型游乐设施的权威检验检测机构,承担着大型游乐设施设计鉴定、型式试验、安装验收检验和定期检验等法定检验和检验检测新技术科研开发等工作,积累了丰富的大型游乐设施检验检测经验。2015 年出版的"大型游乐设施安全技术丛书"之《大型游乐设施典型案例》,为行业展示了大型游乐设施的各种事故、缺陷等案例,为行业尤其是中小型企业优化设计、提高维护保养能力提供了重要的借鉴和参考。《大型游乐设施典型案例》一书受到了大型游乐设施设计制造、使用及检验机构的广泛好评。有鉴于此,我院游乐设施与客运索道部的一线游乐设施检验人员联合部分省级检验机构,收集了 2015—2021 年国内外发生的大型游乐设施事故和缺陷等案例,全面分析了行业存在的典型问题,这些工作对行业发展是十分有益的。

  我相信本书可以为乐园和景区大型游乐设施的使用管理和维护保养提供借鉴和参考,有效提高其日常检查维护保养的水平。大型游乐设施设计制造单位可以吸取案例的教训,优化设备性能,从本质上提高设备的安全质量水平。检验检测和监管部门还可以从本书中确定检验检测和安全监察的重点,提升检验检测和安全监管效能。我希望从事游乐设施相关工作的人员能够举一反三,以书中的案例为参考,结合自己的实际工作,不断促进整个游乐设施行业安全水平的提升。

中国特种设备检测研究院

2022 年 8 月

前言

    大型游乐设施是游乐园和景区主要的载人体验特种设备。凭借40多年改革开放积累的资源和市场优势，目前我国已成为世界上最大的游乐设施制造和消费市场。截至2021年底，全国(除港澳台地区)在用各类大型游乐设施2.52万台(套)，其中A级大型游乐设施超过2300台(套)。大型游乐设施作为8大类特种设备中最具特色的一类设备设施，其典型特点是结构形式多样，失效环节多，参与人员以青少年、儿童为主，发生故障或事故的社会影响大。为了切实保障大型游乐设施的运行安全，国家从法律法规、标准多个层面，对大型游乐设施的全生命周期设计、制造、安装、使用、检验检测提出了系统的详细要求。但大型游乐设施行业仍然是一个比较小的行业，不论是设计制造还是使用管理，都是以中小企业为主，其设计制造和使用管理能力较弱，由此导致的游乐设施缺陷和问题较多，严重时甚至导致设备故障或事故的发生。

    借助20多年游乐设施政府监管与法定检验工作经验，以中国特种设备检测研究院为代表的各级检验机构积累了大量的大型游乐设施案例，在2015年出版了"大型游乐设施安全技术丛书"之《大型游乐设施典型案例》。案例来自各种大型游乐设施使用现场，为行业发展提供了宝贵的经验。有鉴于此，秉承"前事不忘，后事之师"的理念，本书编辑人员在《大型游乐设施典型案例》的基础上，组织了中国特种设备检测研究院，以及广东、广西、浙江、江苏、上海、新疆、四川、重庆、黑龙江等省、市、自治区的特种设备检测研究机构的一线游乐设施检验人员，收集了2015—2021年国内外游乐设施相关事故，以及检验人员在现场发现的可能直接引起事故的部分现场检验案例，以图文并茂的方式进行总结分析，较全面地汇总了这7年中大型游乐设施行业的主要问题。本书可以为大型游乐设施使用单位(游乐园和景区)的使用管理和维护保养提供借鉴和参考，有效地提高其日常检查维护保养的效率。同时，大型游乐设施设计制造单位可以吸取案例的教训，优化设备性能，从而切实提高设备的安全性。特种设备检验机构也可以将本书作为检验参考，针对每种设备的事故及缺陷进行针对性的检查，提高现场检验质量，因此本书的出版将会产生较大的社会效益。

    本书是中国特种设备检测研究院游乐设施与客运索道部和上述省级特种设备检测研究院多年从事大型游乐设施检验检测工作人员经验的收集积累和归纳。书中的典型案例由马宁、王华杰、王昊、王晓亮、王银兰、王焕语、王尊祥、王增阳、毛兴涛、尹继超、田博、毕晓恒、吕梦南、朱希涛、刘东东、刘铁全、刘超逸、刘博、刘鹏霄、阳先波、李加申、李纪友、李春力、李海庭、宋伟科、张东阁、张扬扬、张劲松、张琨、张新东、陈少鹏、陈松涛、陈卫卫、庞昂、庞树明、郑志涛、赵伟、赵欣、赵强、胡亮、姚俊、秦福权、贾尚远、贾国良、柴成军、钱进、郭俊杰、龚高科、崔明亮、崔建利、梁朝虎、董大伟、覃海标、程鹏等提供,林杰、周泳在国外相关事故案例的收集方面提供了帮助,在此表示感谢。

由于编者收集、整理和研究游乐设施典型案例的水平有限,书中难免存在不准确、疏漏和错误之处,恳请广大读者予以指正。

作 者

2022 年 8 月于北京

目录

第1章　概述

1.1　游乐设施行业国内发展概况

凭借40多年改革开放积累的资源和市场优势，我国目前已成为世界上最大的游乐设施消费市场。截至2021年年底，全国（除港澳台地区）在用各类大型游乐设施2.52万台（套），占全国特种设备数量的0.15%。据世界权威组织主题娱乐协会（Themed Entertainment Association，TEA）2020年发布的入园游客量统计数据显示，2019年世界排名前10位的主题公园集团中，游客量超过5.2亿人次，同比增长4%，华侨城集团、华强方特集团和长隆集团分别位列第3、5、6位。仅3家主题公园集团入园游客量就超过了1.41亿人次，见表1-1。截至2021年年底，全国各类游乐园超过500家，按其他中小游乐园年均接待游客30万～60万人次计算，2021年中国内地游乐园入园游客量超过4亿人次，游乐设施产业已成为我国旅游业的重要支柱。

表1-1　2019年世界排名前10位的主题公园集团

排名	集团名称	所在国家	典型主题公园	同比变化/%	游客量/万人次
1	迪士尼集团	美国	洛杉矶迪士尼乐园	−0.8	15 599
2	默林娱乐集团	英国	佛罗里达乐高乐园	0.9	6700
3	华侨城集团	中国	北京欢乐谷	9.4	5397
4	环球影城娱乐集团	美国	奥兰多环球影城	2.3	5124
5	华强方特集团	中国	芜湖方特欢乐世界	19.8	5039
6	长隆集团	中国	广州长隆欢乐世界	8.9	3701
7	六旗集团	美国	得克萨斯六旗乐园	2.5	3281
8	雪松会娱乐公司	美国	冒险岛乐园	7.8	2794
9	海洋世界娱乐集团	美国	奥兰多海洋世界	0.2	2262
10	团圆公园集团	西班牙	德国电影公园	6.2	2220

注：TEA 2019年数据。

20世纪80年代初至今，我国游乐产业从无到有、从小到大、从粗到精、从进口到出口，已逐步形成了较为完善的设计、制造、安装、使用、维护保养、检验检测和监察体系。

1.1.1　设计制造概况

借助庞大的市场优势和不断积累的技术优势，国内游乐设施设计制造企业也得到了飞速发展。截至2021年年底，我国取证大型游乐设施的厂家120家，2017—2021年新取证厂家45家，主要分布在15个省、自治区、直辖市等经济较发达和制造业发达的地区。游乐设施制造厂家的分布情况如图1-1所示。游乐设施制造行业年产值超过50亿元，广东金马、

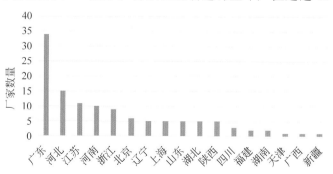

图1-1　截至2021年12月游乐设施制造厂家分布情况

北京实宝来、浙江南方等国内知名游乐设施设计制造公司均已具备一定的自主创新能力,正在努力跟上世界一流游乐设施制造企业的步伐。

2018年12月,广东金马游乐股份有限公司在深圳证券交易所创业板挂牌上市,成功登陆资本市场,成为中国游乐设施制造行业首家上市公司。通过产业集聚,设计制造企业逐步实现地区资源互补和市场共享。如广东中山市,截至2021年12月以广东金马游乐股份有限公司为代表的游乐设施设计和制造厂家已达180余家,取证厂家19家,形成了较为完备的游乐设施产业链;广东广州市,以海山为代表的水上游乐设施设计制造厂家有8家;广东深圳市,以华强为代表的动感影院设计制造厂家有4家,通过资源共享提升了研发能力。国产典型游乐设施产品如图1-2所示。

(a)　　　　　　　　　　　　　　　(b)

(c)　　　　　　　　　　　　　　　(d)

图1-2　国产典型游乐设施产品

(a)广东金马断轨过山车;(b)浙江巨马无轴摩天轮;(c)北京实宝来魔环过山车;(d)华强方特动感影院

由于受行业发展和国内制造业整体能力限制,国内游乐设施设计制造厂家仍然是小而全,未实现专业化分工和设计制造,技术装备和制造工艺相对落后,已取证的制造厂家仍以小型制造企业为主,缺少专业化、大型化的设计制造公司和大型产业集群。

1.1.2　使用维护保养概况

目前,我国大型游乐设施保有量达到2.52万台(套),其中A级大型游乐设施2368台,2020年完成定期检验2118台,其中2041台检验合格,定检率85.5%,定检合格率96%。

我国游乐园和主题公园具有起步时间晚、发展迅速、投资大、收益较低的特点。目前国内大型主题公园超过50家,包括已经开业的上海迪士尼旅游度假区、南昌万达主题乐园、北京环球影城度假区、万达旅游广场、华强方特、华侨城欢乐谷等多个重点项目。大型主题乐园的兴起,标志着我国国民经济和人民生活水平的巨大进步。随着国内主题公园投资和建设热情的高涨,国外大量新奇特和刺激性较大的设备进入中国市场,在带给游客更多体验的同时,也带来了更大的运行安全风险,对大型游乐设施的维护保养和检验检测也提出了更高的要求。我国代表性主题公园如图1-3所示。

(a) (b)

(c)

图 1-3　国内代表性主题公园
（a）广州长隆欢乐世界；（b）北京欢乐谷；（c）芜湖方特欢乐世界

根据游乐园入园人数和大型游乐设施的数量,我国的游乐园分为3类：大型主题乐园、中型游乐园和小型游乐园,见表1-2。其中,中小型游乐园主要分布在二、三线城市,其中大型游乐设施相对较少,管理水平和维护保养能力与大型主题乐园存在较大差距。

表 1-2　我国游乐园的分类标准

考 核 指 标	大型主题乐园	中型游乐园	小型游乐园
设备数量	A级至少10台	A级5～9台	C级以上至少5台
入园人数/（万人次/年）	＞80	30～80	＜30

目前,国内游乐设施的使用单位主要是按照设备使用维护手册的要求进行常规检测和维护保养,只有华侨城、华强方特、长隆等少数大型主题公园在特定设备上实现了使用维护的电子化,即将日常检验维护数据通过手动或自动感应的方式存储在数据库中,通过数据记

录和分析获取维护保养的重点和关键环节：一方面有效预防了使用维护阶段的造假行为；另一方面切实提高了使用维护的效率。但这种维护保养工作是在设备停机状态下，依据使用维护说明书的要求进行的静态检验，对于游乐设施动态性能的监测和安全评估目前还处于空白阶段，而设备在动态运行中可能出现的故障和损伤，可能会对设备和乘客造成致命危害。

由于从业人员的专业素质和乐园安全管理水平较低，中小型游乐园在设备的使用维护方面存在严重不足。有些游乐园实行设备承包制，即将大型游乐设施分包给个人经营，业主对设备的维护保养缺乏必要的专业知识和能力，从而导致维护保养严重不到位，这也是中小型游乐园发生设备故障和事故的主要原因。

1.1.3 检验检测概况

在世界范围内，大型游乐设施的检验检测工作主要有3种：第一种是专业检验检测机构根据法规、标准等进行的检验检测；第二种是设计制造单位在建造阶段根据法规、标准、行业规范和自我作业指导文件进行的自检工作；第三种是设备使用单位在使用维护过程中进行的检验检测工作。

中国特种设备检测研究院负责了所有A类设备中大部分的检验检测任务，2021年完成大型游乐设施检验检测2000多台(套)。针对近年来我国游乐设施的发展特点，中国特种设备检测研究院陆续开发了针对性较强的检验项目，如针对结构件应力分布开展了应变应力测试，针对加速度可能对乘客带来的影响开展了加速度测试，针对结构件的晃动可能对设备带来的危害开展了非接触位移测试，以及针对游乐设施的标准部件(如弹性绳、安全束缚装置等)开展了部件型式试验等。

1.1.4 监管概况

根据《中华人民共和国特种设备安全法》，我国的大型游乐设施安全监督管理体制可以表述为"政府领导、企业负责、部门监管、检验把关、社会监督"齐抓共管、多元共治的安全工作体制。国家市场监督管理总局和省、市、县各级市场监管局是特种设备安全专业监管部门，由其内设的安全监察、稽查、法制、检验等机构构成"四位一体"的安全监管组织体系。

安全监察主要由各级特种设备安全监督管理部门实施，是政府的一项职能，属于政府向社会提供的公共服务。大型游乐设施安全监督管理工作的主要目的是预防事故。根据《中华人民共和国特种设备安全法》，国家对大型游乐设施的生产、经营和使用等，实施分类的、全过程的安全监督管理。这是对大型游乐设施安全监督管理方法的基本规定，通过"建章立制、监督检查、纠正惩戒"来实施。其主要工作内容包括宣传教育、行政许可、监督检查、强制检验、事故调查、行政处罚、统计报告等方面。

大型游乐设施检验是监察工作的重要组成部分，根据《中华人民共和国特种设备安全法》，大型游乐设施的检验工作包括设计文件鉴定、型式试验、验收检验和定期检验。大型游乐设施按设备参数划分为A、B、C三级。中国特种设备检测研究院负责境内使用的新建或改造的大型游乐设施的设计文件鉴定和型式试验工作、A级大型游乐设施验收检验和定期检验工作，以及部分B、C级大型游乐设施的验收检验工作。各省级特种设备检验机构负责B、C级游乐设施的验收检验和定期检验工作。

1.1.5 法规、标准概况

我国对游乐设施法规、标准的研究工作始于 1986 年，这一年有关部门开始制定我国游乐设施第一项国家标准：GB 8408—1987《游艺机和游乐设施安全标准》。在缺少参考资料，实践经验又不足的情况下，经过两年的艰苦努力，该标准于 1987 年年底完成并发布，1988年 8 月 1 日正式实施。该标准规定了游乐设施的基本技术条件，对设计、制造、安装和管理维护提出了要求。2000 年、2008 年和 2018 年对 GB 8408 进行了修订，同时完成了游乐设施的 13 个分类标准。为了加强游乐设施标准化工作，2000 年 9 月，国家质量技术监督局批准成立了全国索道、游艺机及游乐设施标准化技术委员会，专门负责管理全国游乐设施行业的标准化技术归口工作。全国索道、游艺机及游乐设施标准化技术委员会成立后，建立了游乐设施的标准体系，确定了游乐设施标准体系的基本框架，制定了一批游乐设施国家标准。2008 年，全国索道、游艺机及游乐设施标准化技术委员会更名为全国索道与游乐设施标准化技术委员会。在游乐设施安全管理方面，我国游乐设施法规标准体系由法律、行政法规、部门规章、安全技术规范、法规引用标准 5 个层次构成，覆盖游乐设施设计、制造、安装、使用、检验、修理改造等全过程，涉及单位、人员、设备的安全管理，法规与标准在条款规定上各有侧重，也互有重合。

1. 法律层面

游乐设施法律由《中华人民共和国特种设备安全法》及相关法律组成。《中华人民共和国特种设备安全法》由中华人民共和国第十二届全国人民代表大会常务委员会第三次会议通过，2013 年 6 月 29 日以中华人民共和国主席令（第四号）的形式颁布。

2. 法规层面

游乐设施法规由行政法规、法规性文件和地方性法规组成。《特种设备安全监察条例》由国务院总理签发，2003 年 3 月 11 日以中华人民共和国国务院令（第 373 号）的形式颁布，并根据 2009 年 1 月 24 日《国务院关于修改〈特种设备安全监察条例〉的决定》修订。属行政法规。

3. 部门规章层面

游乐设施部门规章由国务院部门行政规章和地方规章组成。《大型游乐设施安全监察规定》是 2013 年 8 月由国家质量监督检验检疫总局公布的行政规章。这个规定是对《中华人民共和国特种设备安全法》和《特种设备安全监察条例》的具体和细化，使之具有行政实施的可操作性。

4. 安全技术规范层面

安全技术规范是原国家质量监督检验检疫总局依法做出的强制性规定。《游乐设施安全技术监察规程》《游乐设施监督检验规程》《大型游乐设施设计文件鉴定规则》《特种设备生产和充装单位许可规则》《特种设备使用管理规则》等属于安全技术规范，是规定大型游乐设施的安全性能和相应的设计、制造、安装、修理、改造、使用管理和检验检测方法，以及许可、考核条件、实施程序的一系列行政管理文件。安全技术规范是大型游乐设施法规体系的重要组成部分，其作用是把法律、行政法规和部门规章的原则规定具体化，提出大型游乐设施的基本安全要求。

5. 国家标准层面

大型游乐设施标准包括安全标准及各类游乐设施的通用技术条件,提出了大型游乐设施设计、制造、维护、使用等环节的技术要求。现有大型游乐设施标准包括 2 项基础标准、3 项安全标准、17 项产品标准、2 项管理标准、19 项检验检测标准,具体标准名称见表 1-3。

表 1-3　现行游乐设施国家标准

序号	标 准 号	标 准 名 称
		基础标准
1	GB/T 20049—2006	游乐设施代号
2	GB/T 20306—2017	游乐设施术语
		安全标准
3	GB 8408—2018	大型游乐设施安全规范
4	GB/T 34371—2017	游乐设施风险评价　总则
5	GB/T 39043—2020	游乐设施风险评价　危险源
		设计制造产品标准
6	GB/T 18158—2019	转马类游乐设施通用技术条件
7	GB/T 18159—2019	滑行车类游乐设施通用技术条件
8	GB/T 18160—2008	陀螺类游艺机通用技术条件
9	GB/T 18161—2020	飞行塔类游乐设施通用技术条件
10	GB/T 18162—2008	赛车类游艺机通用技术条件
11	GB/T 18163—2020	自控飞机类游乐设施通用技术条件
12	GB/T 18164—2020	观览车类游乐设施通用技术条件
13	GB/T 18165—2019	小火车类游乐设施通用技术条件
14	GB/T 18166—2008	架空游览车类游艺机通用技术条件
15	GB/T 18168—2017	水上游乐设施通用技术条件
16	GB/T 18169—2008	碰碰车类游艺机通用技术条件
17	GB/T 18879—2020	滑道通用技术条件
18	GB/T 20051—2006	无动力类游乐设施技术条件
19	GB/T 31257—2014	蹦极通用技术条件
20	GB/T 31258—2014	滑索通用技术条件
21	GB/T 28265—2012	游乐设施安全防护装置通用技术条件
22	GB/T 39080—2020	游乐设施虚拟体验系统通用技术条件
		管理标准
23	GB/T 30220—2013	游乐设施安全使用管理
24	GB/T 39417—2020	大型游乐设施健康管理
		检验检测标准
25	GB/T 20050—2020	大型游乐设施检验检测　通用要求
26	GB/T 34370.1—2017	游乐设施无损检测　第 1 部分:总则
27	GB/T 34370.2—2017	游乐设施无损检测　第 2 部分:目视检测
28	GB/T 34370.3—2017	游乐设施无损检测　第 3 部分:磁粉检测
29	GB/T 34370.4—2017	游乐设施无损检测　第 4 部分:渗透检测
30	GB/T 34370.5—2017	游乐设施无损检测　第 5 部分:超声检测
31	GB/T 34370.6—2017	游乐设施无损检测　第 6 部分:射线检测
32	GB/T 34370.7—2020	游乐设施无损检测　第 7 部分:涡流检测

续表

序号	标　准　号	标　准　名　称
		检验检测标准
33	GB/T 34370.8—2020	游乐设施无损检测　第8部分：声发射检测
34	GB/T 34370.9—2020	游乐设施无损检测　第9部分：漏磁检测
35	GB/T 34370.10—2020	游乐设施无损检测　第10部分：磁记忆检测
36	GB/T 34370.11—2020	游乐设施无损检测　第11部分：超声导波检测
37	GB/T 36668.1—2018	游乐设施状态监测与故障诊断　第1部分：总则
38	GB/T 36668.2—2018	游乐设施状态监测与故障诊断　第2部分：声发射监测方法
39	GB/T 36668.3—2018	游乐设施状态监测与故障诊断　第3部分：红外热成像监测方法
40	GB/T 36668.4—2020	游乐设施状态监测与故障诊断　第4部分：振动监测方法
41	GB/T 36668.5—2020	游乐设施状态监测与故障诊断　第5部分：应力检测/监测方法
42	GB/T 36668.6—2019	游乐设施状态监测与故障诊断　第6部分：运行参数监测方法
43	GB/T 39079—2020	大型游乐设施检验检测　加速度测试

1.2　游乐设施行业事故概况

2015—2021年，全国共发生大型游乐设施事故34起，其中2015年8起，2016年6起，2017年3起，2018年5起，2019年6起，2020年3起，2021年3起，共计死亡17人，受伤52人。数据统计结果如图1-4所示。

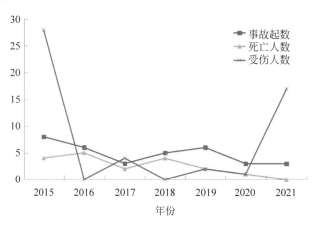

图1-4　2015—2021年大型游乐设施事故统计

2015—2021年大型游乐设施事故平均每年约5起，每年事故发生率比较稳定。死亡人数平均每年2.4人，受伤人数平均每年7.4人。由于2015年河南长垣"4·6"事故致19人受伤，使当年受伤人数达到28人，2021年湖南邵阳"2·13"事故致16人受伤，其他年份每年事故受伤人数比较稳定。根据2022年《市场监管总局关于2021年全国特种设备安全状况的通报》，万台特种设备死亡率为0.08。大型游乐设施近7年平均万台设备死亡人数为0.96人，远远高于我国万台特种设备死亡人数。

1.2.1　事故游乐场所规模统计分析

2015—2021年发生的34起事故共发生在33家游乐场所，其中湖南长沙烈士公园发生

2起。按游乐场所具备10台及以上A级大型游乐设施为大型主题乐园,10台以下为中小型游乐园定义,发生事故的33家游乐场所中,大型主题乐园仅4家,占比12.1%;中小型乐园29家,占比达到87.9%。

1.2.2 事故原因统计分析

大型游乐设施作为一种复杂的载人机电类设备,其各个环节的失效都可能导致事故的发生。主要的事故危险源,从设备本质安全角度看,有设计缺陷、制造缺陷、安装缺陷等;从设备使用安全角度看,有非法使用、管理不到位、违规操作、维护保养不到位、乘客违规动作等。通过事故原因分析可以看出,有些事故是由于设计、制造、安装问题导致设备存在安全隐患,长期使用造成部件失效,而有些事故是由于使用不当或违法使用导致的。但从设备本质安全角度分析,多数事故是两种原因综合导致的,即设备存在本质安全隐患,外加使用管理不当导致了事故的发生。在发生事故的34台设备中,涉及设计缺陷的有13起,制造缺陷的有1起,安装缺陷的有1起,非法使用的有1起,管理不到位的有7起,违规操作的有13起,维护保养不到位的有11起,乘客违规动作的有4起。其中单一因素引发的事故17起,复合因素引发的事故17起。设计缺陷和违规操作占比达到38.2%,是事故的主要原因。其次是维护保养不到位,占比32.4%。事故原因统计结果如图1-5所示。

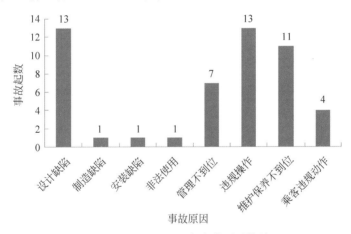

图1-5 2015—2021年事故原因统计

1.2.3 事故危险源统计分析

从导致事故发生的危险源角度进行分析,在34起事故中,乘客束缚装置相关事故9起,安全防护装置相关事故8起,电气控制系统相关事故6起,机械零部件相关事故4起,乘客风险3起,钢结构风险2起,服务人员风险1起,设备周边环境风险1起,如图1-6所示。可以看出,乘客束缚装置和安全防护装置是引发事故的主要危险源。另外,电气控制系统也应作为一个主要危险源,并对其进行研究和分析,其目前也是行业比较薄弱的方面。

1.2.4 其他方面统计分析

对事故导致的后果类型统计分析,主要为坠落、碰撞、甩出和高空滞留,其中坠落13起,碰撞10起,甩出5起,高空滞留6起。可以看出,坠落导致的伤亡是最多的,占比达到38.2%;其次是碰撞导致的伤亡,占比为29.4%。因此,有效预防坠落和碰撞是减少事故伤害的主要手段。

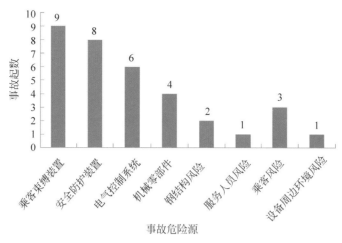

图 1-6   2015—2021 年事故危险源统计

对发生事故的设备类型统计分析，旋转类设备 16 起，滑行类设备 9 起，升降类设备 4 起，无动力类设备 5 起。旋转类设备导致的事故占比达到 47％，而升降类设备全部是高空飞翔，无动力类设备全部是滑索。

1.3   基于事故分析的游乐设施安全工作重点

大型游乐设施作为一种复杂的、载人机电一体化设备，其安全性能受到多个环节和因素的影响。从近年来的事故分析可以看出，从全生命周期角度考虑，大型游乐设施的设计、制造、安装和使用管理各环节的缺陷都有可能导致事故的发生，但基于本质安全的设计仍然是预防事故的主要因素，其次是使用环节的违规操作和维护保养不到位，这也是中小型游乐场所普遍存在的问题。从设备发生失效的部件考虑，乘客束缚装置和安全防护装置是导致事故发生的主要部件，在设计制造和使用管理环节应多加注意。此外，电气控制系统目前关注较少，应从安全完整性上提高设计要求。从发生事故的设备类型来看，旋转类设备事故率相对较高，但飞行塔类事故全部集中在高空飞翔，无动力类事故全部为滑索，应结合事故特点，针对高空飞翔和滑索开展专项隐患排查治理。

第2章 国内大型游乐设施事故案例

2.1　国内事故案例统计与分析

　　根据特种设备目录的规定,监管范围内的大型游乐设施共分为 13 类。根据设备的运动特点,为便于事故分析,将滑行车类、架空游览车类、滑道类等沿轨道运行的大型游乐设施统归为滑行类;将观览车类、陀螺类、转马类、自控飞机类等主要运动形式为旋转的大型游乐设施统归为旋转类;将飞行塔类等主要运动形式为升降的大型游乐设施统归为升降类;将小火车类、碰碰车类、赛车类等在固定场所或场地运行的大型游乐设施统归为场地运动类。

　　本章主要对我国(包括港澳台地区)大型游乐设施事故案例进行统计和分析。根据游乐设施的分级特点,本章按滑行类、旋转类、升降类和无动力类游乐设施进行总结分析。通过事故案例收集,2015—2021 年全国(不含港澳台地区)共发生大型游乐设施事故 34 起,事故统计如图 2-1 所示。

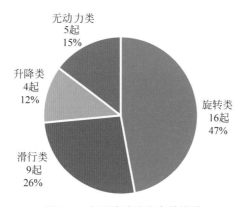

图 2-1　大型游乐设施事故统计

2.2　国内滑行类大型游乐设施事故

2.2.1　事故汇总统计与分析

　　2015—2021 年,共发生滑行类大型游乐设施事故 9 起,其中滑行车(过山车)类设备事故 6 起,架空游览车类设备事故 2 起,滑道类设备事故 1 起,滑行车类大型游乐设施事故占比 67％。9 起滑行车类大型游乐设施事故共造成 3 人死亡、5 人受伤,还有 2 起高空滞留事故。

　　分析事故发生的原因可以得出,设备维护保养不到位导致事故 2 起,管理不到位导致事故 5 起,乘客违规动作导致事故 1 起,设备本身故障导致事故 1 起。在发生事故的游乐场所中,只有 2 起事故发生在大型游乐场所,其余 7 起事故均发生在中小型游乐场所。

2.2.2　国内滑行车类设备事故案例

1. 江西南昌"迷你穿梭机"事故

(1)基本情况

2015 年 5 月 3 日上午 10∶00 左右,江西省南昌市某游乐场(见图 2-2)内一台名为"迷你穿梭机"的滑行车大型游乐设施发生脱轨,导致 2 名乘客坠落受伤,其中一位伤者多根肋骨骨折,其他部位多处外伤。经初步调查,该设备为 C 级设备,已办理使用登记并投入使用 4 年,2015 年 1 月 18 日定期检验合格,现场操作人员持有效作业证件。

图 2-2 南昌市某游乐场

(2)事故原因

导致事故的直接原因是使用单位前期对设备维修恢复时,车辆底部的限位链条(限制脱轨)与轨道之间的连接销漏装或安装不牢固,导致此链条连接销在运行中掉落,引起车辆脱轨。

2. 贵州遵义"金龙滑车"事故

2015 年 6 月 22 日,贵州省遵义市某乐园内一台名为"金龙滑车"的大型游乐设施在运行过程中一节车厢脱落(见图 2-3),造成车厢内 4 人(2 名青年女性、2 名女童)受到不同程度的惊吓,其中 2 名青年女性住院治疗、2 名女童无明显伤情(未住院,在家观察)。

3. 广东佛山"果虫滑车"事故

(1)基本情况

2016 年 2 月 8 日,广东省佛山市某中心一台名为"果虫滑车"的滑行车类大型游乐设施(见图 2-4)在运行至离地约 1m 高的弯道时,将乘客从座舱中甩出,经医院抢救后于当日不治身亡。

图 2-3 遵义市"金龙滑车"事故现场

图 2-4 佛山市"果虫滑车"事故设备

(2)事故原因

受害者在乘坐"果虫滑车"的过程中,因承受不了运动变化的刺激,产生了一些无意识的动作,将安全带意外打开,并且无法及时握紧扶手或者没握扶手,失去了安全装置的保护和限制,在第5个转弯处因离心力作用被甩出车外坠落。

4. 浙江义乌过山车事故

(1)基本情况

2016年3月12日上午,浙江省义乌市某乐园园林维护班组组长安排3人到过山车场地进行除草作业(未提前与过山车操作人员沟通)。过山车操作人员到达场地对设备进行调试、空载运营后便开始正常营运,其间便发现3人在场地内除草,并未进行阻止。下午,过山车运行过程中不慎将1位除草作业人员撞倒,后将其送往医院进行抢救。

(2)事故原因

作业人员安全意识淡薄,在园林维护过程中未注意周边安全,在过山车运行轨道附近作业,被高速运行的过山车碰撞致重伤。设备操作人员明知有人在过山车场地内除草作业,在未确认安全的前提下就发车营运,导致过山车将其下方的作业人员撞伤,是该起事故发生的直接原因。该乐园现场管理混乱,未健全安全管理制度,未对园林维护员工进行安全知识培训,未对过山车周围安全防护栅栏出入口加装锁扣等进行锁死扣紧,交叉施工作业时未进行相应的协调配合;现场安全管理员未落实好安全管理人员职责,发现过山车周围的安全防护栅栏出入口无固定锁扣设施而未要求整改,未对日常检查情况进行详细记录;园林维护组组长在安排园林维护人员对过山车场地进行除草作业前未与过山车操作人员、安全管理人员进行协调沟通,未给园林维护人员配备安全帽等防护用品,在园林维护人员进行除草作业时未尽到监护职责。

5. 贵州毕节"立环跑车"事故

(1)基本情况

2019年8月3日下午,贵州省毕节市织金县某广场发生一起游乐设施("立环跑车",见图2-5)事故,1名3岁儿童从安全束缚装置(安全带)里面爬出来,跌倒在立环跑车轨道上,被后面驶过来的另一辆跑车碾压在轨道上面推行了5m多,造成重伤。

图2-5　毕节市"立环跑车"事故设备

(2)事故原因

造成该起事故的直接原因是使用单位私自改装安全束缚装置(安全带),作业人员未按照相关要求对乘坐"立环跑车"的乘客进行有效紧缚,致使安全束缚装置(安全带)失去束缚能力,未对乘客起到有效的安全保护作用。造成该起事故的间接原因是安全管理不到位,安全意识淡薄,作业人员无证且擅离职守,致使处置不及时。

6. 江苏无锡"蒸汽飞车"事故

(1) 基本情况

2020 年 9 月 5 日中午,江苏省无锡市某乐园一台名为"蒸汽飞车"的设备在车辆发车后停滞在轨道最高点位置(见图 2-6),乐园方立即启动应急预案,联系消防部门开展救援,于下午 2:00 完成所有乘客的救援和疏导工作,未发生人员伤亡情况。该设备为 A 级滑行车类大型游乐设施,轨道高度 38m,最大运行速度 100km/h,列车数量 3 列,每列 5 车,每车 4 席,每列车载客人数 20 人,轨道长度约 1056m,运行一周的时间约为 174s。该设备的发车采用多组直线电机弹射技术,利用弹射动能将车辆推过轨道最高点后,自由滑行,最后回到出发站台。

(2) 事故原因

事故调查组分析认为,电磁弹射控制系统中的一个电机控制板发生故障,致使 1/24 的直线电机没有工作,因而造成整个弹射系统动力不足,车体在到达轨道最高点时,刚好速度为 0,因此停止在了轨道最高点,造成了高空滞留。

图 2-6　无锡市"蒸汽飞车"高空滞留现场

2.2.3　架空游览车类设备事故案例

1. 北京"翱翔紫禁"事故

(1) 基本情况

2017 年 7 月 30 日,北京市某乐园的一台名为"翱翔紫禁"的游乐项目(见图 2-7)发生一起游客坠亡事件。该设备为架空游览车类大型游乐设施,一名游客在观影期间从座位上掉到地面,经医院抢救无效死亡。经检查,该设备座席、乘客束缚装置、相关安全联锁装置的结构及功能均有效,设备运行未见异常,排除了设备本体事故属性。

图 2-7　北京市"翱翔紫禁"事故设备外观

（2）事故原因

后经查实，该事故系乘客违规动作引起。乘客在落座后，因自身原因想脱离座椅，由于该设备加速度较小，设置的安全挡杆未能有效束缚乘客，使乘客从座椅脱离后坠落至地面死亡。

2. 广东深圳"欢乐新干线"事故

（1）基本情况

2018年11月1日上午，广东省深圳市某乐园一台名为"欢乐新干线"的架空单轨车（见图2-8）3号车在运行过程中因故障停驶，有8名乘客滞留车内，使用单位立即启动应急预案，暂停"欢乐新干线"的运营，并派出救援人员赶赴现场处置。救援人员赶到3号车故障现场后，发现该设备4号车在3号车后方约40m处，立即采取手动控制模式，打算将3号车驶至站台疏散乘客。突然，4号车自行启动，加速前进，与3号车发生追尾，致使3号车中部车厢后墙玻璃粉碎，4号车车头玻璃钢和底部车架变形，还导致6人不同程度受伤。

图2-8 深圳市"欢乐新干线"事故设备外观

"欢乐新干线"属于A级架空游览车类大型游乐设施，型号为P8/24，座舱数量为3座舱/车，承载人数为28人/车，运行高度14m，运行速度14.5km/h，设计使用年限20年。设备设计使用年限至2018年11月8日。

（2）事故原因

"欢乐新干线"为20世纪90年代最先进的多车无人驾驶架空观光列车，中央控制系统通过无线信号获取车体位置，协调控制各车速度和间距。经过现场多次试验发现，4号车的电气控制系统发生故障。在前方3号车手动控制时，轨道信号管会出现干扰信号。在两车距离足够近时，4号车导航板天线会感应到此干扰信号。正常情况下导航板不应产生信号输出，但4号车导航板发生了故障，导致其产生了信号输出，该信号经PLC和变频器后产生驱动信号，使电机动作，致使4号车加速前进与3号车发生追尾。

2.2.4 滑道类设备事故案例

云南普洱滑道事故

（1）基本情况

2019年11月9日，云南省普洱市某景区发生一起滑道事故。一名游客乘坐17号滑车沿滑道下滑至距离下一站40m的弯道时，从滑车内甩出，身体与防护网及轨道发生碰撞受伤。发生事故的管式滑道游乐设施未发现损坏情况。

（2）事故原因

乘客在乘坐管式滑道滑车滑行过程中,滑车未采取任何制动减速措施,下滑速度较快,滑至弯道时,滑车安全带卡扣脱落,乘客在无安全带束缚和违规手持手机未抓牢扶手的情况下被甩出滑车,与防护网和滑车轨道发生碰撞。该景区滑道滑车工作人员在游客乘坐滑车前,未告知和提醒乘客滑行过程中使用刹车进行制动减速的注意事项,滑车下行过程中速度过快;滑道工作人员未及时制止乘客手持手机乘坐滑车的行为,只做简单提醒后就放任乘客的违规行为,致使乘客未抓牢滑车扶手;滑道滑车在行驶过程中安全带卡扣脱开,使乘客无安全带束缚。这三方面情况是事故发生的直接原因。

该起事故系景区管理人员违章指挥、特种安全设备管理人员和作业人员无证上岗、管理机构缺失、管理制度不健全和受伤乘客不遵守安全注意事项导致的特种设备一般责任事故。

2.3 国内旋转类大型游乐设施事故

2.3.1 事故汇总统计与分析

2015—2021 年,共发生旋转类大型游乐设施事故 16 起,其中观览车类设备事故 12 起,转马类设备事故 1 起,自控飞机类设备事故 3 起,观览车类大型游乐设施事故占比 75%。16 起旋转类大型游乐设施事故共造成 10 人死亡、30 人受伤,另外还有 2 起高空滞留事故。

分析事故发生的原因可以得出,设备存在本质安全问题,属于设计缺陷的事故 9 起,制造、安装缺陷的事故 2 起,维护保养不到位导致的事故 1 起,非法使用导致的事故 3 起,乘客违规动作导致的事故 1 起。在发生事故的游乐场所中,只有 2 起事故发生在大型游乐场所,其余 14 起事故均发生在中小型游乐场所。

2.3.2 观览车类设备事故案例

1. 陕西商洛狂呼事故

（1）基本情况

2015 年 2 月 20 日晚,陕西省商洛市商州区某游乐园一台名为狂呼的大型游乐设施（见图 2-9）发生事故,造成 1 名 17 岁女孩死亡。经了解,该游客游玩结束,现场服务人员刚刚解开其安全带后,本来停下来的机器又开始反向运转,解开安全带的游客瞬间就被带到了二三十米的高空,直接被从座椅上甩了出去,头部着地身亡。

（2）事故原因

经调查,该游乐场的工作人员并没有相关安全操作员证件,只有游乐场配发的工作证,属于违法操作。操作员在未确认乘客全

图 2-9　商洛市狂呼事故设备外观

部下来的情况下即启动设备,导致事故发生,直接原因为操作人员违规操作。

2. 河南长垣"太空飞碟"事故

（1）基本情况

2015年4月6日17:20左右,河南省长垣县某商业街发生一起大型游乐设施（"太空飞碟",见图2-10）一般事故,造成19人受伤。事故设备在运行时,大臂撕裂坠落,乘人座舱坠地,导致19名乘客不同程度受伤。

图2-10 长垣市"太空飞碟"事故设备情况

（2）事故原因

经调查,该设备为无证制造、非法安装和非法经营,设备未经过严格的设计计算,产品存在严重设计缺陷。设备在制造调试时,擅自截短大臂,使其与配重的平衡被破坏;斜立柱支撑在枕木上,螺栓连接松动,导致整机支撑不稳定;下法兰盘与大臂的焊接缺陷严重降低了该部位的承载能力,其陈旧性开裂焊缝是导致下法兰盘与大臂撕裂的诱因;下法兰盘与大臂巨大的扭矩、冲击力迅速超过连接螺栓的破断拉力,将原本连接不规范、受力不均的不合格螺栓迅速剪断,使大臂连同乘人座舱坠落。

3. 浙江温州狂呼事故

（1）基本情况

2015年5月1日12:05左右,浙江省温州市平阳县某游乐园发生一起大型游乐设施（狂呼,见图2-11）一般事故,造成2名乘客死亡,2名乘客受伤。1名8岁男孩在父亲的帮助下,刚坐上狂呼座椅,狂呼却突然启动,越升越高。1名现场服务人员用双手抓住狂呼的栏杆,直至全身被吊起,依然无法阻止它上升。在边上等待的乘客的注意力全部集中在男孩身上,这时,设备大臂另一边却在快速旋转下降。下降的大臂座舱扫向1名11岁女孩和2名

图2-11 温州市狂呼事故设备情况

40多岁的男子,1名男子当场死亡,小女孩和另一名男子受伤。同时,被"狂呼"带至半空的男孩摔落下来,撞断护栏后跌至地面,送医院抢救无效死亡。

（2）事故原因

经调查,由于事故设备狂呼制动器失灵,且上下客时回转臂与立柱中心不重合,致使回转臂自行转动。同时设备制造单位的安装、调试、使用维护说明不完善,运营使用单位维护保养不到位,造成制动器失灵,而引发事故。

4. 湖北武汉大章鱼事故

（1）基本情况

2015年9月12日,湖北省武汉市江岸区某游乐场一套名为大章鱼的游乐设施(见图2-12)发生一起一般事故。设备运转到离地面约1m位置时,安全压杠意外打开,座椅内的一对母子突然失去安全压杠保护先后被甩出,撞击该设备防护栏后躺在场内地面上,造成小孩脸部擦伤,大人腰部受伤。

图2-12　武汉市大章鱼事故设备外观

（2）事故原因

经调查,该设备安全压杠未锁牢固,且未设置设备启动联锁装置,导致安全压杠在设备运行过程中意外打开,两名乘客被意外甩出,造成事故。

5. 河南三门峡"高空揽月"事故

（1）基本情况

2016年2月22日下午,河南省三门峡市渑池县某广场一台名为"高空揽月"的大型游乐设施(见图2-13)发生高空坠人事故,造成1人死亡。

（2）事故原因

经调查,该事故的主要原因为安全压杠在未压紧的情况下,操作人员启动了设备,导致乘客被甩出坠落死亡。同时,该设备的安全压杠未设置设备启动联锁保护装置也是导致事故的主要原因。

图 2-13　三门峡市"高空揽月"事故设备外观

6. 福建福州摩天环车事故

（1）基本情况

2016 年 3 月 11 日，福建省福州市国家森林公园某游乐场一台名为摩天环车的大型游乐设施（见图 2-14）发生事故，导致 1 人死亡。

图 2-14　福州市摩天环车事故设备外观

（2）事故原因

经调查，事发当日，该游乐场现场负责人和服务人员同时登上"摩天环车"为游客系安全带，之后现场负责人进入控制室按响预备铃，再按下启动按钮，此时现场服务人员尚未离开，机器启动后导致现场服务人员从设备上坠落致死。

7. 江西南昌"翻江倒海"事故

（1）基本情况

2016 年 5 月 13 日，江西省南昌市某乐园一台名为"翻江倒海"的大型游乐设施（见图 2-15）发生故障，导致 3 名乘客滞留空中长达 96min，事故未造成人员伤亡。初步分析为设备故障导致停机,由于事故现场无高空作业车,使得救援过程缓慢,造成高空滞留。

图 2-15　南昌市"翻江倒海"事故设备外观

（2）事故原因

经调查,故障原因为减速箱和电机之间的联轴器脱落,控制系统启动自动保护,停止设备运行,造成乘客滞留。事故发生后救援设备未能及时到位开展救援。

8. 重庆丰都遨游太空事故

（1）基本情况

2017 年 2 月 3 日下午,重庆市丰都县某游乐场一台名为遨游太空的大型游乐设施（见图 2-16）发生一起事故,造人 1 人死亡。设备在运行过程中,一名游客从设备上坠落,经医院抢救无效后死亡。经现场勘验,事故设备"遨游太空"压肩护胸安全压杠和护腿安全压杠功能正常,整机运行未见异常。

（2）事故原因

经调查,事发时,该名游客就座后,在压肩护胸安全压杠未推到位、未压实,安全带未系紧的情况下,设备操作人员即启动了设备。设备运行形式为翻滚,在设备运转中,该名游客在离心力的作用下从压肩护胸安全压杠下滑出,拉断安全带被甩落。发生该起事故的主要原因是设备操作人员未对安全压杠进行安全确认,次要原因是该设备的安全压杠未设置有效的联锁保护功能。

图 2-16　丰都县遨游太空事故设备外观

针对同类设备事故发生的原因,2018 年《市场监管总局办公厅关于开展大型游乐设施乘客束缚装置安全隐患专项排查治理的通知》对大型游乐设施安全束缚装置的联锁保护功能进行了详细规定,并开展了全国范围内的排查和整改,切实避免了同类事故的发生。

9. 山西太原"惊呼狂叫"事故

（1）基本情况

2017 年 5 月 9 日,山西省太原市某乐园一台名为"惊呼狂叫"的大型游乐设施（见图 2-17）

在运行过程中，一侧大臂突然断裂，导致座舱中 4 名乘客摔伤，被困空中。该乐园紧急启动应急预案，相关人员迅速赶到现场，安抚被困乘客并开展救援。事故共造成 4 人受伤。

图 2-17　太原市"惊呼狂叫"事故设备外观

（2）事故原因

设备设计使用年限为 8 年，计划 2017 年 8 月寿命到期后拆除。设备在设计时要求的转臂结构是 Q235 材料，但在制造时错用了 Q195 材料，导致转臂强度不足。同时，转臂长期使用未进行有效维护保养，导致转臂断裂。设计制造和使用管理均有一定的责任。

10．河南许昌"飞鹰"事故

（1）基本情况

2018 年 4 月 21 日 15：30，河南省许昌市魏都区某公园一台名为"飞鹰"的大型游乐设施（见图 2-18）发生一起一般事故，造成 1 人死亡。设备运行过程中，一名游客从座椅上被甩下，坠落在不锈钢护栏上后，跌落于水泥地面，经抢救无效死亡。

图 2-18　许昌市"飞鹰"事故设备外观

（2）事故原因

事故设备属于观览车类大型游乐设施。经调查，该设备安全压杠无机械破坏；事故座椅上的拦腰安全带缠绕在座椅背部骨架上，说明发生事故时未使用；事故座椅上的兜裆安全带开线失效，且安全带扣零件缺失，缝合处采用的线有棉线也有尼龙线，说明事故前兜裆安全带有人为改动。根据勘查情况初步分析，出事乘客乘坐该设备时，操作员压下安全压杠，但未确认锁紧是否有效；拦腰安全带也未使用；此时开机，设备摆动时，乘客在惯性力的作用下，身体推开了安全压杠，完全骑在兜裆安全带上，而兜裆安全带开线失效，造成乘客坠落。初步确定事故原因为：设备运行前操作员未对安全压杠是否锁紧进行确认，拦腰安全带由使用单位自行缝合,未按使用维护说明书的要求操作。

11. 广东广州"飞跃广东"事故

(1) 基本情况

2019 年 10 月 4 日,广东省广州市某乐园一台名为"飞跃广东"的观影类大型游乐设施(见图 2-19)发生高空滞留事故。设备翻转平台出现卡滞,导致多名乘客高空滞留。故障发生后,使用单位启动设备自动复位救援方案,使设备从垂直 90°观影位置开始翻转到 0°水平上下客位置,但在翻转到 67°位置时停止了翻转。其后两次重启设备尝试复位,均无法将翻转平台复位至水平上下客位置,最后采取升降车加安全绳救援的方式成功救援。由于翻转平台卡滞位置在一定程度上限制了升降车的作业面,导致整个救援过程超过 1h。所有游客经救援均安全疏导至救援通道,整个过程中无人员伤亡。

(2) 事故原因

设备安装单位在设备安装过程中未能有效落实责任,在线槽开孔过程中未按规范施工,形成了锋利的断面,未设置防磨损措施。设备运行时,线路与线槽之间有相对运动,最终导致控制线绝缘层磨穿后,外露金属芯与线槽接触发生短路,导致抱闸电磁阀控制线保险烧坏,系统停机,造成乘客高空滞留。同时,使用单位对设备极限工况下的应急救援措施不够熟悉,救援装备配置不合理,对救援措施掌握不全。在翻转油缸抱闸不能自动打

图 2-19 广州市"飞跃广东"事故设备外观

开的情况下,未能采用手动方式打开,致使滞留乘客未能及时得到救援。

12. 广西桂林海盗船事故

(1) 基本情况

2020 年 10 月 27 日,广西壮族自治区桂林市某乐园一台海盗船(见图 2-20)发生坠人事故。一名 11 岁儿童从海盗船上坠落,导致骨折。事故设备完好。

图 2-20 桂林市海盗船事故设备外观

（2）事故原因

经调查，该名游客身体较为瘦小，且第一次体验大型游乐设施，在设备运行过程中，精神较为紧张，身体蜷缩。由于海盗船运行的加速度较小，安全束缚装置为安全挡杆，未有效束缚该名乘客，导致其从门口处坠落。

2.3.3 自控飞机类设备事故案例

1. 江苏扬州"超级秋千"事故

（1）基本情况

2016年4月14日上午，江苏省扬州市某小学组织学生在某公园春游，学生在游乐场内乘坐"超级秋千"（自控飞机系列，见图2-21）时，在该设施停止过程中（已断电，惯性停止过程中），一学生未按照"超级秋千"乘坐须知的规定，擅自打开保险杠，强行跳下，随即被仍在运转的设备推倒在座椅下，遭碾压后不治身亡。

图2-21 扬州市"超级秋千"事故设备外观

（2）事故原因

经调查，该事故为一起典型的由于乘客违反乘坐须知而引起的事故。同时针对此类风险较低的大型游乐设施，2018年《市场监管总局办公厅关于开展大型游乐设施乘客束缚装置安全隐患专项排查治理的通知》对大型游乐设施安全束缚装置的手动打开功能进行了详细规定，要求此类设备的安全束缚装置乘客不能手动打开，必须由工作人员打开，从根本上避免了此类事故的发生。

2. 广东佛山"花仙子乐园"事故

（1）基本情况

2019年11月6日上午，广东省佛山市三水区某游乐园发生一起游乐设施撞击事故，伤者经抢救无效死亡。涉事设备为自控飞机类大型游乐设施，产品名称为"花仙子乐园"，其外观如图2-22所示。

（2）事故原因

现场调查发现，死者是在设备处于低速惯性移动、安全带处于最松弛的状态下，掀开安全带离开座舱时，跌倒在座舱旁边，被还在移动的座舱碰倒在地后，被座舱底部挤压导致死亡。

设备操作人员无证上岗，在未确认乘客安全带松紧度（4号座舱的安全带均处于最松弛状态）的情况下即开机，且没有注意观察运行情况，没有及时发现并阻止死者在设备未停稳时就离开座舱的不安全行为。使用单位安全生产主体责任落实不到位，聘用无证人

图2-22 佛山市"花仙子乐园"事故设备外观

员上岗,员工安全教育培训落实不到位,最终导致此次事故。

3. 湖南长沙"激情跳跃"事故

(1) 基本情况

2021年2月23日,位于湖南省长沙市开福区某游乐场的一台名为"激情跳跃"的大型游乐设施(见图2-23)发生一起跌落事故,造成1人受伤。从监控视频中可以发现,在上客时段,自控飞机的大臂处于低位停止状态,游客准备落座时,某个座位突然弹起多次,导致一名游客从设备上跌落,造成其受伤。

(2) 事故原因

通过分析电气原理图和单片机C语言程序,确认程序在完成某一次预选模式后,分控单元应自动切断其供电电源。经检查发现,停机状态下分控单元供电并未有效切断,原因是主控制柜内的OUT6继电器机械触点发生意外粘连,执行程序未能正常复位,致使2号升降臂产生自动弹跳。操作员在设备出现异常时未及时处置和报告安全管理员并将相关情况进行如实记录。

图2-23　长沙市"激情跳跃"事故设备外观

2.3.4　转马类设备事故案例

云南昆明双层豪华转马事故

(1) 基本情况

2019年3月17日15:00,云南省昆明市某乐园一名负责双层豪华转马设备上层安全防护的工作人员,在设备启动时从上层进口处跌落至下层地面摔伤,后经医院抢救无效死亡。设备本身无故障,也未发生损坏。

(2) 事故原因

服务人员未按照"确认围栏内无人走动,且上层安全防护门锁已锁好的情况下,按下上层安全就绪信号按钮,一层操控室收到信号后启动设备开始运行工作"的操作规范要求,在未完全确认安全防护门是否锁好的情况下,发出启动信号,是导致此次事故的直接原因。操作人员在接到上层服务人员的安全就绪信号后,未最终确认安全门是否关闭即开启设备;当事故发生时未能及时停止转动的设备,是导致此次事故的间接原因。

2.4　国内升降类大型游乐设施事故

2.4.1　事故汇总统计与分析

2015—2021年,共发生升降类大型游乐设施事故4起,设备类型全部为高空飞翔。4起事故共造成16人受伤,其中3起为高空滞留事故,占比达到75%。另外一起坠落事故造成了16人受伤。可见,飞行塔类大型游乐设施的主要事故形式为高空滞留。

分析事故发生的原因可以得出,维护保养不到位、非法使用或管理不到位是导致事故,尤其是高空滞留事故的主要原因。防超速保护装置动作后，使用管理人员不能有效释放高空座舱，从而导致高空滞留事故。这4起事故均发生于中小型游乐场所。

2.4.2 飞行塔类设备事故案例

1. 江苏苏州高空飞翔事故

（1）基本情况

2018年6月18日下午，江苏省苏州市某游乐园高空飞翔设备（见图2-24）发生故障，导致22名乘客滞留空中。操作人员在听到操作台有异响后（钢丝绳报警），立即按动紧急停止按钮，并向安全管理人员报告，随后开始手动泄压进行应急救援，但救援无效。此后安全管理人员带领工程人员赶到现场，在了解情况后，采取手动上升救援措施，试图将转盘上升，拉紧钢丝绳，然后采取手动下降方式，但上端座舱仍未下降，救援无效。此后消防人员接到游客报警后，采用云梯进行救援。事故未造成人员伤亡。

图2-24　苏州市高空飞翔事故设备外观

（2）事故原因

事故发生的直接原因是设备运行过程中，断绳保护装置滑轮上的油泥触动了断绳保护行程开关，触发了电磁推动器动作，进而使跑齿卡在立柱上的齿条上，最终导致回转座舱不能下降。间接原因是设备维修人员违规作业，对事故设备的维护保养不到位，未及时清理断绳保护装置滑轮上的油泥，导致设备故障。

2. 湖南长沙高空飞翔事故

（1）基本情况

2019年3月30日下午，湖南省长沙市某乐园一台名为高空飞翔的大型游乐设施发生故障,导致 34 名游客高空滞留。故障发生时,操作台显示屏报警显示为"升降变频故障报警",使用单位按下"紧急停止"按钮后即组织作业人员开展救援。采取手动应急救援措施后,设备高度降至 17m 左右时无法再继续下降,随后使用单位按照应急救援预案,报告有关部门,请求消防部门派出消防云梯车实施救援,34 名被困乘客全部安全救出,未造成人员伤亡。现场救援情况如图 2-25 所示。

图 2-25　长沙市高空飞翔事故设备救援情况

（2）事故原因

事故发生的直接原因是电器元件 QF1 缺相导致变频器故障,设备停止动力输出,引发乘客空中滞留。在实施紧急救援时,设备液力电磁块式制动器手动机械松闸装置功能失效,设备乘人装置无法按照操作说明预案完成安全降落。间接原因是事故设备相关应急救援预案不够完善,虽然设置了两套应急处置系统,但设计未考虑极端情况下如何有效迅速地实施救援。某乐园管理处作为场地租赁方,由于缺乏专业技术力量,对承租单位大型游乐设施应急预案和演练管理不到位。

3. 湖南邵阳高空飞翔事故

（1）基本情况

2021 年 2 月 13 日下午,湖南省邵阳县某乐园发生一起高空飞翔大型游乐设施（见图 2-26）一般事故,造成乘客及围栏外围观人员共 16 人受伤。当吊挂座舱的转盘在提升驱动电机的牵引下,上升至距地面约 13m 的高度时,提升驱动电机与减速机连接的联轴器失效,转盘失去上升牵引力,而转盘提升驱动电机和旋转电机均处于正常运行状态,提升电机制动装置和

图 2-26　邵阳县高空飞翔事故设备现场情况

钢丝绳卷筒制动装置均处于打开状态,转盘仍然在加速旋转。转盘在旋转上升过程中失去上升牵引力且无制动力,转盘重量大于配重重量而失去平衡,事故发生前限速器已经处于失效状态,坠落过程中无法起到保护作用。转盘在高速旋转的情况下加速坠落,导致事故发生。

（2）事故原因

事故发生的主要原因是带制动轮弹性柱销齿式联轴器部分弹性柱销磨损严重,弹性柱销剪切断裂,联轴器失效(见图2-27),与减速机、钢丝绳连接的转盘失去牵引力,保护失效而发生失衡坠落。间接原因是运营单位明知超速保护装置(限速器)处于失效状态,仍投入运营。

图 2-27　高空飞翔事故设备联轴器损坏情况

4. 河北承德高空飞翔事故

（1）基本情况

2021年5月2日上午,河北省承德市某乐园一台名为高空飞翔的大型游乐设施发生高空滞留事故,导致27名乘客空中滞留。现场多次进行手动救援无效后,采用消防救援车进行救援(见图2-28),无人员伤亡,被困人员全部送至当地医院进行观察和心理疏导,所有人员情绪稳定。

图 2-28　承德市高空飞翔事故设备现场救援情况

（2）事故原因

经调查发现,设备安全保护装置的东南侧齿条在20～24m处产生变形,所有棘爪已动作。将4个棘爪复位后,重新进行限速器、棘爪联动试验,动作正常,东南侧棘爪与棘爪轴不能联动。通过拆解棘爪轴连接处发现,其固定弹性销折断。这是一起限速器误动作,导致棘爪联动保护装置意外动作而引起的偶发性事件。

2.5　国内无动力类大型游乐设施事故

2.5.1　事故汇总统计与分析

2015—2021年,共发生无动力类大型游乐设施事故5起,设备类型全部为滑索。5起事故共造成4人死亡、1人受伤。死亡比例为所有大型游乐设施事故中最大的。滑索导致人身伤亡的主要事故形式为坠落,5起事故中有4起是因为安全带束缚不到位而导致的。引起安全束缚装置失效的主要原因是非法使用和管理不到位,事故均发生在中小型游乐场所。

2.5.2　滑索系列设备事故案例

1. 湖北黄石滑索事故

(1) 基本情况

2015年3月28日上午,湖北省黄石市一台滑索大型游乐设施(见图2-29)在运行过程中,保险钩绳索断裂,造成1名乘客坠落死亡。

图2-29　黄石市滑索事故设备外观及破损的安全带

(2) 事故原因

作业人员在操作滑索挂钩放索过程中违反使用单位制定的《安全操作注意事项》中第六条"游客系好安全带,工作人员确认无误后方可滑行"滑索操作的有关规定,在未系好滑车承重绳的情况下,冒险将仅系有一根安全绳的游客放行。由于单根安全绳无法确保吊悬人体的稳定性,人体在重力作用下发生旋转,对滑车产生扭矩阻力,致使滑车在滑行过程中停滞下来;吊索下的人体旋转对安全绳钩锁连接处产生横向剪力和摩擦力,导致安全绳局部承重能力下降,最终安全绳断裂,致使游客从50m高空坠至地面死亡。

2. 辽宁大连滑索事故

(1) 基本情况

2015年8月31日,辽宁省大连市沙河口区某游乐园内一条滑索(见图2-30)发生一起大型游乐设施一般事故,造成1人受伤。当日下午,一辆浇水车经过该游乐场一条滑索(飞降)的终点区域时,滑索操作人员在未确认降落区域有无障碍物的情况下继续运行设备,致使乘客撞到浇水车尾部,导致其受伤。

(2) 事故原因

经调查,当天没有拉区域安全警示带,公园浇水车误驶进降落区域,导致飞降乘客与车辆发生碰撞,是此次事故的直接原因。该游乐场日常安全监管不力,相关人员未尽职尽责,是此次事故的间接原因。

图 2-30　大连市滑索事故设备外观

3. 安徽合肥滑索事故

（1）基本情况

2018 年 5 月 30 日上午，安徽省合肥市经开区某乐园发生一起大型游乐设施一般事故，游客乘坐滑索时从空中坠落，经抢救无效死亡。事故发生时，作业人员未在吊篮旁（在对另一旁的滑索收吊篮），且该吊篮固定挂钩未系，此时游客登上吊篮，吊篮滑动，由于安全带未来得及固定好，使游客在滑行途中坠亡。滑索设备的滑行小车外观如图 2-31 所示。

图 2-31　合肥市滑索事故设备的滑行小车外观

（2）事故原因

经调查，滑索操作人员未对滑索安全挂钩等安全装置进行检查确认，未遵守滑索操作规程违章操作是该起事故发生的直接原因。使用单位大型游乐设施安全管理制度落实不到位；操作人员入岗后，未按照公司安全管理制度对其进行安全生产教育和培训；未严格落实安全生产规章制度，及时发现和纠正滑索操作人员的违章作业行为。该事故为一起生产安全责任事故。

4. 福建龙岩滑索事故

（1）基本情况

2018 年 7 月 20 日下午，福建省龙岩市某乐园的一台滑索在营运过程中发生游客从空中坠落事件。如图 2-32 所示，该设备是一条往复式滑索，设备状态完好。事发时 2 名作业人员不在岗，公司负责人（无作业人员证）独自一人在滑索上站操作，此时下站无工作人员。在游客到达下站后，公司负责人未观察清楚游客位置，主观判断其已脱离座椅，而此时该游客正在自行解除安全带，共 3 条安全带，已松开 2 条，还剩绑左腿的 1 条未解开，公司负责人就将上站的另一名游客下放下滑，带动下站的游客上行，导致下站游客连人带椅被拖回滑索中部,此时仅剩的 1 条安全带已无法束缚该游客,导致其坠落身亡。

图 2-32　龙岩市滑索事故设备外观

（2）事故原因

经调查,公司负责人安全意识淡薄,违反滑索操作规程,在滑索下站无工作人员配合作业的情况下,单独一人无证违章作业,导致事故的发生。使用单位虽已制定了滑索的安全管理制度、操作规程和应急预案,但是安全主体责任未落实,未健全和落实公司的安全生产责任制,未完善单位安全生产规章制度和安全生产教育培训制度,操作人员未参加安全培训,未取得安全资格证书。

5. 重庆万盛滑索事故

（1）基本情况

2020 年 9 月 18 日,重庆市某景区的 4 号滑索发生工作人员坠亡事故。如图 2-33 所示,事发设备为无动力游乐设施中的往复式滑索,2 条滑索共用一根牵引钢丝绳,乘客从上站下滑时,会带动另一侧滑索的牵引钢丝绳上行,从而将空的乘载装置（全身安全带）带回上站,以便下次乘客穿戴。事发设备经现场勘查完好。

图 2-33　重庆市滑索事故设备情况

（2）事故原因

事发时，景区工作人员乘坐滑索拍摄宣传视频，到达下站后，下站工作人员离岗，受害人自行解开了部分安全带，此时上站另一名工作人员从另一条滑索滑下，受害人从下站被带出。由于受害人部分安全带已经打开，施救过程中受害人发生坠落身亡，另一名工作人员被安全救下。经查实，该事故为一起典型的安全管理事故。

2.6 港澳台地区大型游乐设施事故

2.6.1 事故汇总统计与分析

由于台湾、香港、澳门地区游乐设施不归我们直接监管，因此游乐设施事故的统计大多来自互联网和其他渠道。据不完全统计，2015—2021年共发生5起事故。其中旋转类事故1起，滑行类事故2起，升降类事故1起，无动力类事故1起。5起事故均未造成人员伤亡。5起事故中，因为设备本身问题造成的事故3起，违规操作导致的事故1起，乘客违规动作原因导致的事故1起。

2.6.2 台湾大型游乐设施事故案例

1. 儿童新乐园"丛林吼吼树屋"事故

2015年，儿童新乐园一台名为"丛林吼吼树屋"的飞行塔类游乐设施（见图2-34）发生事故。这项游乐设施的钢缆断裂，当时有乘客正在搭乘，幸好没有造成人员受伤。

2. 儿童新乐园"魔法星际飞车"事故

2015年，儿童新乐园一台名为"魔法星际飞车"的设备（见图2-35）因遇下雨，导致轨道摩擦力不足，卡在半空中而倒退。事故未造成人员伤亡。

图2-34 "丛林吼吼树屋"事故设备外观　　　　图2-35 "魔法星际飞车"事故设备外观

3. 台中丽宝乐园摩天轮事故

2016年10月1日上午，台中市丽宝乐园施工中的全岛最大摩天轮发生工伤意外，一名35岁的工人疑在施工时从摩天轮约9m高度的工作平台坠落，造成重伤。

4. 台中丽宝乐园"抢救地心"过山车事故

2016年10月1日中午，丽宝乐园著名的游乐设施"抢救地心"断轨过山车（见图2-36）传出意外，因故障卡在半空中。据了解，载有约30人的过山车到了最高点后，应该由水平状态旋转约90°成为垂直状态后,快速向下俯冲,但车体迟迟没有进入俯冲轨道,游客被挂在半空中,以垂直向下的姿势动弹不得。此时,过山车慢慢从与地面垂直状态转回水平状态,但仍无法顺利回到出发点,在距离地面39m的高处动弹不得。后经救援,受困乘客全部获救,未造成人员伤亡。

图 2-36　"抢救地心"事故设备断轨过山车外观

2.6.3　澳门大型游乐设施事故案例

2019年1月29日,一名约30多岁的俄罗斯籍华裔男子在澳门著名旅游景点的观光塔(见图2-37)上玩蹦极,结果发生了惊人的一幕:该男子跳下后,疑因设备故障导致无法落地,反而被悬吊在离地约55m的半空中。

图 2-37　澳门蹦极事故现场

澳门消防部门接到报警后,马上出动了8辆消防车,其中包括一辆75m的云梯车。由于现场空间相对狭窄,首先需要处理杂物才可接近被困男子。当时一组消防员在塔顶戒备,另一组人员则在云梯车上剪断两边的引绳,才将男子慢慢从空中放至地面上的安全区域。澳门室外气温偏低,只有7℃左右,男子被救下时不停发抖,且感到双腿麻痹,随后被送往医院救治。据了解,澳门消防部门初步怀疑是"蹦极跳"操作时出现故障,有绳索被卡住,导致该男子不能顺利降落到地面。

第3章　国外大型游乐设施事故案例

3.1　国外事故案例统计与分析

本章根据网络新闻信息、国外公开网站及外国政府相关报告文献等统计,收集翻译了 2015—2021 年美国、欧洲、亚洲、南美洲、澳洲等主要国家和地区的游乐设施事故信息。

2015—2021 年国外游乐设施的事故情况统计如表 3-1 和图 3-1 所示,在所收集统计的 103 起游乐设施相关事故中,死亡人数 42 人,重伤 279 人,轻伤 75 人,以及滞留 143 人。

表 3-1　国外游乐设施事故情况统计

类　　别	案例数	死亡人数	重伤人数	轻伤人数	滞留人数
蹦极类	8	5	3		
滑索滑道及其他	10	8	7		
滑行类	25	10	72	19	36
升降类	8	1	26	10	21
旋转类	44	15	165	46	86
水滑梯	8	3	6		
总计	103	42	279	75	143

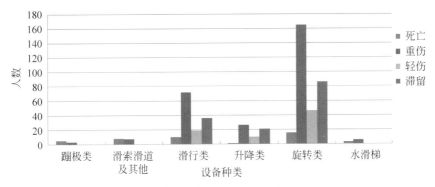

图 3-1　国外游乐设施事故严重情况分析

其中,依据游乐设备类别统计的死亡人数如图 3-2 所示。

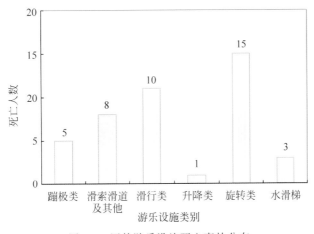

图 3-2　国外游乐设施死亡事故分布

由图 3-2 可见，旋转类（观览车、大摆锤、遨游太空、海盗船、自控飞机、章鱼等）游乐设施导致的死亡人数为 15 人，是所有设备中最多的。事故导致死亡比例最大的则是蹦极类游乐设施，这与该类设备的运动形式有关，一旦发生事故则很可能导致游客死亡。此外，滑行类游乐设施导致的死亡人数也超过 10 人。

3.1.1 依据设备种类数据分析

由图 3-3 可见，旋转类设备导致事故发生最多的原因是乘客从座舱中发生高空坠落，而乘客从座舱坠落主要是由于安全束缚装置失效以及敞开式摩天轮座舱倾翻所导致的。

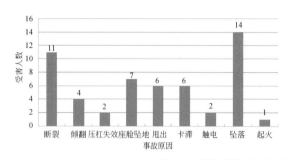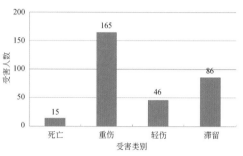

图 3-3　旋转类设备事故原因及乘客受害情况

另外，在美国、印度、巴基斯坦以及乌兹别克斯坦发生的 4 起大摆锤与飞龟的断臂事故，都造成了群死群伤的严重事故，影响非常大。

由图 3-4 可见，滑行类游乐设备的车辆发生碰撞以及车体脱轨导致伤亡事故的比例最高，而设备发生卡滞是导致高空滞留事件的主要原因。此外，由于维护保养及操作人员引起的劳动伤害导致的死亡事故（3 起），滑行类设备是所有设备类型中占比最多的。所以在运营使用滑行类设备时除了注意设备本身安全，相关维护及操作人员的安全也是绝对不能忽视的。

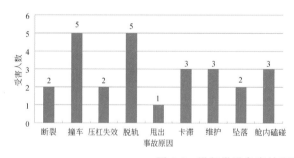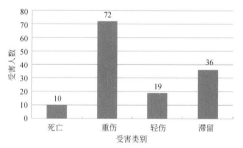

图 3-4　滑行类设备事故原因及乘客受害情况

图 3-5 为升降类设备（飞行塔、高空飞翔、摇头飞椅、太空梭等）事故情况统计。相对于滑行及旋转两类设备，升降类设备的伤亡事故概率较低，但也可能与印度太空梭坠落具体死亡人数在网上无法跟踪以及收集信息不足有关。尤其是大型观光塔类设备，一旦发生高空卡滞事故会造成大量乘客高空滞留，所以对该类设备不可掉以轻心。

滑索滑道及其他类设备造成的死亡人数为 8 人，在所有设备种类中排第三位。这是由于部分国家对该类设备缺乏监管及相关法规标准体系不健全有关。

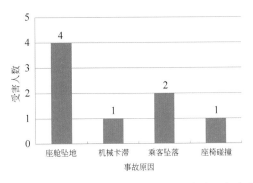
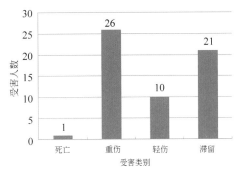

图 3-5　升降类设备事故原因及乘客受害情况

3.1.2　中美两国事故情况对比

美国是世界上最发达的国家,其游乐设施普及率也比较高。据统计,2015—2021 年事故共造成 8 人死亡、31 人重伤、24 人轻伤以及 41 人滞留,如图 3-6 所示。

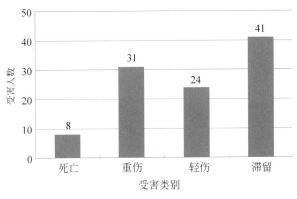

图 3-6　美国事故统计情况

对比近年以来我国与美国的死亡事故情况(见图 3-7),我国的死亡事故总量比美国多 1 倍左右,考虑到两国的人口基数,我国的游乐设施安全管理工作实际上是优于美国的。

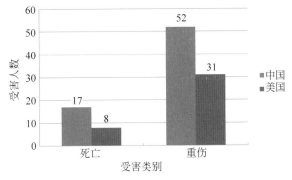

图 3-7　中美两国游乐设施安全形势对比

3.2 国外滑行类大型游乐设施事故

1. 美国"滑行龙"儿童甩出事故

2015年6月12日，美国某嘉年华游乐场发生了一起"滑行龙"事故，设备在满载运行过程中，因为车体断裂造成2节列车发生碰撞，导致3名儿童受轻伤。

根据当地消防部门判断，这起事故是因为机械故障导致的。他们表示在发现并修复缺陷之前，该设备将停止运行。该设备是由一家名叫Wisdom Industries的公司生产的。图3-8为该设备事故现场情况。

图3-8　美国"滑行龙"事故现场

2. 美国环形过山车乘客失去意识死亡事故

2015年6月12日，美国加利福尼亚州巴伦西亚市的一辆由Schwarzkopf Rides公司生产的环形过山车发生事故，导致1名10岁女孩乘坐后失去意识并死亡。

事发后，急救人员立刻到达站台并检查座位上失去了意识的乘客情况，该女孩的姐姐说当她们返回站台时女孩已经失去意识了。随即该乘客被直升机送往医院，但遗憾的是这个女孩第二天去世了。事后并没有直接证据表明该女孩的死亡与乘坐的设备有直接关系。

3. 美国员工与车体碰撞死亡事故

2015年5月，美国加利福尼亚州的Great America游乐园发生一起事故，1名公园员工在试图取回一部手机时，与正好经过的过山车及1名男乘客发生碰撞，导致该员工当场死亡，被撞乘客也需要通过手术才能保住小拇指。

4. 日本疯狂老鼠乘客肋骨受伤事故

2015年6月13日，日本香川县的雷欧玛世界游乐场内发生了一起乘客乘坐过山车受伤的事故。当时1名女性乘客在乘坐过山车时，在过山车急转弯处，身体与座舱侧面发生碰撞，导致左侧肋骨骨折。

事故发生时可承载两名乘客的座舱内只坐了一名女乘客，车体在通过转弯处时由于离心力的作用使该乘客向无人的位置发生侧滑，乘客身体与车体侧板间产生了一定的间隙，恰好此时轨道的转弯方向又换到了另一侧，乘客身体又向车体侧壁方向滑动，导致该乘客肋部与车体侧壁发生撞击而受伤。

根据事后调查，该转弯处乘客承受的横向加速度约为0.87g，压腿式压杠、安全把手及座椅面的摩擦力不一定能完全保证乘客不发生侧滑与晃动。

事故发生后,根据政府相关部门要求,对该设备采取了增加安全带、座椅表面使用防滑材料以及加厚安全挡杆的泡沫部分以保证压杠能有效与乘客贴合的 3 项措施。另外,车体侧壁与乘客接触部位添加了柔软的防冲击海绵挡块,并增大了挡块面积。对该设备制造商生产的 18 台同类设备进行了相同的处理方法,如图 3-9 所示。

事发时的座舱情况　　　　　　　　整改后的座舱情况

图 3-9　事故设备座椅整改前后

5. 美国木质过山车儿童坠落死亡事故

2016 年 6 月,美国宾夕法尼亚州的 Idlewild and SoakZone 游乐园发生了一起事故,一名 3 岁男孩在最后一个弯道上从木制过山车上被弹出,从 3.7m 高处摔落地面,导致头部受伤(见图 3-10)。这台木质过山车是 1938 年建造的,未设置安全束缚装置,现场图片显示该设备座舱貌似只有一个类似安全把手的措施。

图 3-10　木质过山车儿童被甩出事故车体情况

6. 日本过山车乘客手臂骨折事故

2016 年 10 月 26 日,日本熊本县荒尾市一个名为绿岛的游乐园内发生了一起游客在乘坐过山车时伸出的左手与检修通道的安全栅栏发生碰撞导致左手手臂骨折的事故,如图 3-11所示。

据该乘客事后回忆,当时他坐在头车左前方位置,发现放在脚下的物品似乎要掉出车外,所以将手伸出车外想要抓住它,结果导致手与安全走道的护栏发生了碰撞。

7. 英国"海啸"过山车事故

2016 年 6 月 26 日,英国苏格兰北拉纳克郡马瑟韦尔市的 M&Ds 主题公园,一辆名为"海啸"的过山车发生了一起严重的脱轨事故,如图 3-12 所示。

事发时,共有 5 节车厢的过山车在运行中,从约 9m 高的路轨上转弯时突然失控脱轨,在坠落至地面时又与地面上的一台小型游乐设施发生碰撞造成二次伤害。据报道,该事故共造成 10 人受伤,其中包括 2 名成年人以及 8 名儿童。

图 3-11　日本熊本县过山车事故设备现场情况

图 3-12　英国过山车事故现场

8. 美国过山车相撞事故

2016 年 6 月 20 日，美国威斯康星州的 Green Buy 游乐场发生了一起由于木质过山车相撞导致 3 名乘客受伤的事故。事发当时，一辆载客的过山车与停在站台上的一台空车发生碰撞，压杠对乘客的胃部造成了挤压导致该乘客受伤。

9. 西班牙过山车乘客坠落事故

2016 年 7 月 7 日，西班牙贝尼多姆市的一个主题公园内，一辆速度达 64km/h、有 360°

立环、加速度 3g 的名为"地狱过山车"(Hell)的设备,由于束缚机构失效发生事故,导致一名来自英国的 18 岁乘客,在 20m 高的半空中被抛出车外坠地重伤。事发后他随即由救护车送往医院,但途中因心脏病发作而死亡。

据司法机构的知情人士透露,法庭已经下令展开调查,但调查人员并不能确定这起事故是否与过山车机械故障有关。

10. 印度"旋风骑士"倒塌事故

2016 年 5 月,印度泰米尔纳德邦的一台"旋风骑士"游乐设施运行中座舱转盘倒塌,造成多人伤亡。游乐园方面称这是该游乐园成立 14 年以来首次发生事故。

11. 西班牙过山车相撞事故

2017 年 7 月 16 日,西班牙首都马德里市 Parque de Atracciones 游乐园内,一台名为"TNT 矿山车"的设备与一辆过山车相撞,导致包括儿童在内 33 人受伤,如图 3-13 所示。33 位受伤者中有 27 位需要送医院就医,受伤乘客症状多为受到安全压杠的冲击导致腹部淤伤。

图 3-13　西班牙过山车事故现场

发生事故的过山车最高速度为 56.3km/h,运行高度 17.5m。有一节过山车在进站时按正常程序及时实施了制动,但与停在站台上的另一台列车的尾部发生了碰撞。

12. 日本过山车高空停车事故

2017 年 4 月 3 日,日本三重县一辆过山车接连两天发生故障,导致在最高点停车超过 20min,最后不得不采用人工疏散的方式解救乘客。

13. 美国过山车脱轨事故

2018 年 1 月 15 日,美国佛罗里达州代托纳海滩公园中的一辆过山车发生了车厢脱轨造成车体坠落的严重事故(见图 3-14),导致 2 名坐在前排的乘客从 34ft(1ft=0.3048m)高的地方坠落到地面,后车的 4 名乘客被悬挂在半空中。救援人员设置了一个滑轮系统,在悬挂的前车厢里控制住乘客,先将他们吊起来然后再疏导到地面上。这次事故共导致 10 名乘客被紧急送往医院。设备运营单位表示,在发生事故前几小时刚

图 3-14　美国代托纳过山车车体坠落现场

刚对该设备进行了检查，并且相关检查单位在几天前也刚刚对该设备进行了检测，确定符合法规标准要求可以投入运营。

14．伊拉克过山车与起重机碰撞事故

2018年5月24日，伊拉克伊尔比勒市一家名为 Majidi Land 的游乐园内，一辆中国制造的过山车撞上了一个离轨道很近的维修起重机臂，造成3人死亡、2人受伤。事故发生后，两名正在更换灯泡的起重机操作员和游乐设备操作人员被拘留。据当地媒体报道，坐在车头的乘客受伤最为严重。

15．巴西"大青虫滑车"事故

2019年12月7日，巴西巴拉那州海岸的 Paranaguá 一游乐场过山车发生脱轨事故，造成至少3人受伤，如图3-15所示。据当地消防部门称，该过山车由于内部结构出现了松动而引起事故，伤者被送往医院接受治疗，其中一名妇女中度受伤，两名轻伤。发生事故的游乐场位于该市历史中心的 Eventos Mário 广场，案发时该广场正在举办第三届狂欢节。消防部门表示，事故发生后消防队员对设备进行了检查，以调查事故的发生原因。

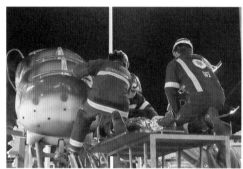

图 3-15　巴西"大青虫滑车"事故现场

16．墨西哥过山车脱轨事故

2019年9月28日，墨西哥的墨西哥城查普尔特佩克公园，发生了一起过山车脱轨事故，造成至少2人死亡3人受伤，如图3-16所示。

两名死者均为男性，年龄分别为18岁和21岁，他们因头部等多处受伤而死亡。事发时，他们坐在最后一节车厢里。据调查显示，机械故障导致车厢松脱出轨，从10m高的地方坠落。

17．英国"微笑飞车"过山车高空滞留事故

2019年7月23日，英国奥尔顿塔（Alton Towers）游乐园内的一辆名为"微笑飞车"（Smiler）的过山车在运转时突发故障，导致设备高空滞留事故，造成16名游客以背朝地面、面向天空的姿势，垂直90°卡在30m高的半空长达20min，后由工作人员采取人工救助的方式疏散至地面，并未造成人员伤亡。现场情况如图3-17所示。

18．法国过山车乘客坠落事故

2020年7月4日，位于法国北部圣保罗展览场馆的游乐园区内发生了一起乘客从车体

图 3-16　墨西哥事故现场

图 3-17　英国"微笑飞车"过山车高空卡滞事故现场

座舱中被甩出坠地死亡的事故。

　　事发时,一名 32 岁的女士与其丈夫一起乘坐名为"一级方程式"(Formula 1)的过山车时,从高速运转的过山车的座位上摔下来,如图 3-18 所示。当地检察官办公室在接受采访时向法新社表示,圣保罗展览场馆的所有者和经理正在接受因违反安全措施规定而导致的非自愿杀人罪进行的调查。

　　19. 英国过山车高空滞留事故

　　2021 年 4 月 25 日,在英国黑潭市快乐海滩游乐园内,一辆英国最高的名叫"大个子"(Big One)的过山车发生事故,车体在提升过程中突然停止,导致乘客高空滞留,不得不沿着救援通道从 70m 高处步行才安全到达地面,如图 3-19 所示。

　　据了解,这辆世界首台超级过山车(HYPER COASTER)由美国 Arrow Dynamics 公司设计制造,于 1994 年开始对外营业,是当时世界上最高,也是最陡峭的过山车,其提升高度

图 3-18 法国过山车乘客坠落事故设备

图 3-19 "大个子"过山车事故现场及救援情况

65m、轨道长度 1675m、运行速度 140km/h、最大倾角 65°。这个过山车也是目前全球第一座能体验 4.5g 加速度的过山车。

据调查，"大个子"发生停止的原因是当时发生了机械故障。

另据报告，该设备于 2021 年 1 月 1 日也曾发生过由于设备故障导致紧急停机时乘客因受到冲击而受伤的事故。

20. 日本过山车束缚机构坠落事故

2019 年 5 月 22 日，日本冈山县某游乐园内的一辆站立过山车，乘客束缚装置压肩和安全挡杆与支柱连接的螺栓断裂，导致束缚装置在通过立环时在立环的最低点坠落，所幸当时该座椅上没有乘客。

事故发生时共有 3 名乘客乘坐该设备，分别乘坐于第 1 与第 2 列车，束缚装置脱落发生在第 12 列车。由于开业前的日检过程中发现了第 12 列车用于调节乘客高度的油缸有漏油现象，所以运行管理者决定当日该列车不允许承载乘客运行。

事后的调查结果表明，与其他的束缚装置高度调节油缸相比，坠落座舱的油缸伸长量为 50mm，而其他的油缸伸长量只有 20mm。

束缚机构脱落的主要原因是，油缸端部的固定螺母松弛，并且防脱落二道保险的辅助导轨的止退螺母，使用了比辅助导轨内径 28mm 小了一号的 25mm 的尺寸。事故具体情况如图 3-20 所示。

21. 日本过山车乘客肋骨骨折事故

据当地媒体报道，2020 年 10 月 27 日，日本三重县的一个游乐园内发生了一起过山车

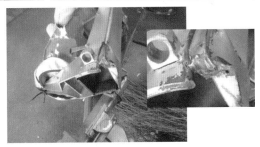

图 3-20　设备情况及被摔落地面的座舱

安全压杠对乘客胸部发生挤压,导致乘客肋骨骨折的事故。

22. 日本过山车乘客颈椎骨折事故

2020年12月18日,日本山梨县的一座游乐园内发生了一起过山车在进入立环时,一名30岁的女性乘客由身体前倾转为靠向靠背时,颈椎骨折的事故。

2021年7月10日,日本山梨县某游乐园内一辆过山车转弯时,导致一名50岁的女性乘客感到颈部不适,后经检查该乘客的颈椎骨折。

23. 日本过山车乘客胸椎骨折事故

2021年5月15日,日本山梨县的一个游乐园内发生了一起过山车转弯时,一名40岁的男性乘客由于车辆座椅的摆动离心力,发生侧滑导致肋部与座椅的侧面发生碰撞,致使其胸椎骨折的事故。

24. 日本激流勇进事故

2021年8月25日,日本神奈川县的一个游乐园内发生了一起激流勇进乘客右肋骨与船侧护板发生碰撞,导致其肋骨挫伤的事故。

3.3　国外旋转类大型游乐设施事故

1. 瑞典高空飞翔事故

2015年7月5日,瑞典斯德哥尔摩市一家名叫 Gröna Lund 的游乐场内,一名男子跳过高空飞翔(见图 3-21)位于站台二层的栅栏,从二层坠落并撞上一名女子。这名男子5天后在医院不治身亡,被撞的女子只受了轻伤。发生事故的原因并不清楚。

图 3-21　瑞典事故现场

2. 美国自控飞机乘客坠地事故

2015 年 8 月 2 日，美国加利福尼亚州 Santa Clara 市的一个游乐园内，发生了一起自控飞机乘客坠地受伤的事故。乘坐在 1 号座舱内的一名成人和一名儿童（8 岁），在运行中坠落至地面导致受伤。该事故是由于设备失效导致的。据报道，该设备由意大利赞培拉公司生产。

3. 美国"旋转飞机"乘客坠地事故

2015 年 8 月 2 日，美国加利福尼亚州 Santa Clara 市的一个嘉年华游乐园内，发生了一起"旋转飞机"乘客坠地受伤事故。在设备开始下降但并没有完全停下来时，这位醉酒的乘客打开了自己的座舱门锁，导致她从车上摔了下来。

4. 美国"ZIPPER"乘客坠地事故

2015 年 8 月 21 日，美国新罕布什尔州科尼什市的一个嘉年华游乐场内，发生了一起 2 名乘客坠地并砸伤了 1 名操作员总计导致 3 人受伤的事故。

事发当时，操作员已按照该设备的载荷平衡要求乘载了 6 人。当他开始加载一名 28 岁的妇女和其 8 岁的女儿时，2 名受害者坐进座舱舱门还没有关好时，座舱突然向上移动了 8～10ft(2.4～3m)。此时操作员试图迅速停止设备，但当座舱向下翻转时舱门打开，母女二人便摔了出来。操作员抓住了女孩，但母亲砸到了她们身上，之后操作员的背部又被另一个移动中的座舱击中。

3 名受害者被送往附近的医院救治。据调查，事故是由一台电缆驱动电机的刹车失灵引起的。新罕布尔什州调查人员指出，不当的胎压、露水产生的湿气及轮胎和从动轮辋之间的界面可能是引发事故的原因之一，但故障似乎与维护不到位有关。这台设备如图 3-22 所示，是由美国 Chance Ride 公司制造生产的。

图 3-22　美国"ZIPPER"发生事故设备

5. 巴基斯坦遨游太空压杠打开事故

2015年9月15日,巴基斯坦Multan公园内,发生了一起由于压杠失效导致乘客被甩出座舱的严重事故(见图3-23),导致1名男性死亡,包括30名妇女和儿童受伤。

为调查此次事故,当地协调官员成立了一个由3名成员组成的委员会,调查结果显示这起事件是由于设备操作员的疏忽造成的。设备操作员没有锁紧安全装置,且没有按正确的方法操作设备,因此导致了事故的发生。

2015年7月8日,艾杜尔菲特的萨希瓦尔区也发生了类似的事件,事故中有11人受伤。随后,区政府对这种设备实施了禁令,不再允许该类设备投入运营。

图3-23 巴基斯坦遨游太空设备事故现场

6. 美国"三星转椅"乘客甩出事故

2016年4月30日,美国得克萨斯州一个教堂前的嘉年华游乐场内,2名女孩从旋转的"三星转椅"的座舱内被甩出,导致一人被送往医院后死亡,另一人重伤。还有一名未被甩出座舱的少女在现场接受了检查,其没有受到任何伤害。

事发当时,3名女孩登上了同一个座舱,座椅上设有压杠和安全带。但女孩们的安全带太短了,锁不上。幸存的女孩们说,操作员告诉她们不用安全带只需使用压腿杠,也可以乘坐。

但操作员对此提出异议,说他没有对乘客进行身体检查以确保压杠已锁好,是因为他不愿意把手放在少女的大腿上。操作员和幸存的女孩都说设备开得很快。这台设备是使用单位从另一家公司租赁使用的。事故发生后得克萨斯州没有任何一个监管部门来调查事故,美国消费品安全委员会的报告称,他们能够检查游乐设备但结果不包括在事故报告中。事故设备情况如图3-24所示。

图3-24 美国"三星转椅"事故现场

7. 英国翻滚海盗船事故

2016年7月14日,英格兰北约克郡的清水游乐园内,一名55岁男子在乘坐360°翻滚海盗船(见图3-25)时,在设备大约运行了3圈后安全约束装置突然打开,导致该乘客差点儿从距地面高26m的座位上摔下。多亏他旁边的乘客及时抓住了其手腕,才挽救了他的性命。

图 3-25　英国翻滚海盗船事故设备

8. 意大利"转转杯"事故

2016 年 12 月 26 日,意大利北部 Gardaland 游乐园内,发生了一起事故,导致一名 6 岁女孩在乘坐"转转杯"时头部受伤。事发后女孩随即被送往维罗纳的一所医院进行救治。

9. 美国摩天轮乘客坠落事故

2016 年 8 月,美国田纳西州一个名为 Greenville 的嘉年华游乐场内,发生了一起乘客由座舱坠落导致受伤的事故。事发时,3 名女孩(6 岁、10 岁和 16 岁)从摩天轮中的一个座舱内摔下,该座舱距地面 40ft(12.2m)高。

事故发生时,旁边的座舱也发生了翻转,其中一名妇女在被救援前抱着孙子,导致她的手臂、肩膀受伤。事故发生的原因是 9 号座舱被一根钢丝绳绊住而发生了倾覆。该公司的检查人员发现,承载女孩的吊舱底部的铆钉已经磨损,一个装饰件松动,卡在车轮框架内,从而造成了座舱翻转。

此外,据调查,美国田纳西州游乐园的游乐设施不进行由州政府强制的安全检测,而是依靠第三方检查员进行安全检查。

10. 美国自控飞机坠落事故

2016 年,美国佐治亚州 Lake Winnepesaukah 公园内的一台自控飞机游乐设施发生了一起两名 9 岁男孩从座舱上摔下,导致其中一人肩膀、腿和骨盆骨折的事故,如图 3-26 所示。

乔治亚州消防局是负责检查集市和游乐园游乐设施的机构。据该机构调查,当钥匙在门上时门便被锁上了,这些安全装置运行正常且没有被改动。所以男孩的母亲也无法根据陈述确定谁对该事故负有责任。

11. 美国大章鱼断臂事故

2016 年 7 月 24 日,美国亚特兰大市的一个嘉年华游乐园内,发生了一起大章鱼断臂导致 5 人受伤的事故。当时大章鱼在运行过程中突然

图 3-26　美国佐治亚州自控飞机事故现场

大臂坠地,导致数个乘客座舱从 18～20ft 的高度突然坠落地面。调查人员发现,当时中心转盘已与偏心组件曲柄分离,主轴在偏心曲柄的顶端被剪断,导致事故发生。

12. 美国"三星转椅"电击事故

2016 年 6 月 16 日,美国新伦敦市一个位于海滨公园的游乐园内发生了一起因设备漏电导致 5 名乘客手部被电击受伤的事故。

事发当时,4 名儿童(4～10 岁)、1 名成年男性乘客和设备操作员在离开一个固定车辆的金属车时受到轻微电击。该事故最可能的原因是荧光灯的内部接线短路,当一个外来金属碎片落在游乐设施旋转底座的电环组件上时,集电器电环之间形成了连接短路。

13. 西班牙章鱼事故

2017 年 12 月 10 日,西班牙巴伦西亚塞戈尔韦某游乐场的一台自控飞机类设备章鱼在空中突然停止旋转后坠落地面,导致 9 人受伤,包括 3 名 11~13 岁孩子。事发设备呈章鱼形,在 8 条吊臂上各悬挂 2 个座舱,运行时升到离地面一定高度的地方旋转。据目击者说,当章鱼正在空中旋转时,供电突然中断导致设备坠落。因为设备运转时离地面不是很高,所以受伤者伤势不重,在医院接受治疗后不久便相继出院。设备暂时关闭,经检修后重新开放。

14. 法国旋转木马乘客坠地事故

2017 年,法国巴黎宝座游乐园内,一名女孩在游乐场游玩时从旋转木马上摔了下来,其伤势要 3 个月才能恢复。受害者称就在旋转平台加速的时候,自己头部撞到了围栏,然后摔落下来,导致肩部脱臼,她随即大声喊叫让工作人员停止旋转,但似乎并没有人应答她的呼救。受害者及其母亲描述称现场的工作人员拒绝停止旋转机器。

15. 美国摩天轮乘客坠落事故

2017 年 5 月 18 日,美国华盛顿州的一个嘉年华游乐场内发生摩天轮事故(见图 3-27)。2 名女子与 1 名儿童乘坐摩天轮时,摩天轮吊舱突然上下翻转,导致 3 人从约 6m 高空坠下,其中 1 名女子情况危急,其余 2 人伤势较轻,另有 1 名男子被坠下的乘客砸倒受轻伤。

图 3-27　美国华盛顿摩天轮事故现场

据报道,目击者称摩天轮突然发出摩擦声,之后有部件开始松脱掉落,3 名乘客乘坐的吊舱随即翻转,3 人虽极力尝试抓住吊舱,但最终无果,从约 6m 的高空坠下,跌到了摩天轮的金属基座上。

其中,59 岁的女子最先坠地,身体多处骨折,头部受伤,由直升机送医院后情况危急但稳定,无生命危险;另外 2 人则跌在她身上,伤势较轻并能行走,同样没有生命危险。另有 1 名男子被其中 1 名坠下的乘客撞倒受轻伤,他拒绝接受治疗。事发后该摩天轮被封锁调查。

16. 法国自控飞机事故

2018 年 3 月 31 日,法国罗纳省索恩河畔纳维尔市的一个嘉年华游乐场内发生了一起游乐设施事故(见图 3-28),造成 1 人死亡、4 人受伤。事故中的死者为 1 名 40 岁的男子,4 名伤者中有 1 名儿童伤势严重,另外 3 人伤势较轻。该嘉年华游乐场在事故发生后被关闭,相关部门对事故展开调查。

图 3-28 法国罗纳省自控飞机事故现场

17. 法国狂呼高空卡滞事故

2018 年 12 月 31 日，法国某游乐园内一台狂呼类游乐设施发生了一起高空滞留事故。发生事故的游乐设施叫 BomberMaxxx，如图 3-29 所示，其直径约 52m。当地出动了 5 辆消防车和 1 架直升机，才把被滞留的 5 名青少年和 3 名成年人解救下来。

游乐场老板表示，该设备的一个零件损坏了，导致运行过程中设备发生卡滞。

图 3-29 事故现场

18. 西班牙"迪斯科转盘"女孩甩出事故

2019 年 4 月 19 日，西班牙拉里奥哈的一名女孩在乘坐迪斯科转盘时被甩出舱外并与操作室旁边的护栏相撞而受伤（见图 3-30），女孩随即被送往医院接受治疗，据当地政府表示她没有生命危险。

图 3-30 西班牙"迪斯科转盘"事发时乘客被甩出瞬间

19. 墨西哥大摆锤乘客坠落事故

2019 年 6 月 17 日，墨西哥雷斯城的一个游乐场内，一台 360°旋转的大摆锤（见图 3-31）由于压杠失效，在运行过程中打开，导致一名女游客在设备运行到最高点时坠落，坠落后又被旋转回来的座舱二次撞击，受伤情况不明。

据报道，地方当局在对该游乐设施进行检查后已下令关闭整个游乐场，因为负责人并未采取适当的安全措施,也没有获得相应的许可证。

20. 美国大摆锤断臂事故

2017年7月26日,美国俄亥俄州哥伦布市某嘉年华游乐场发生重大事故,一台大摆锤突然发生故障,造成1名18岁青年死亡,7人受伤,其中3人伤势严重。美国广播公司消息称,受伤者的年龄为13～41岁。从现场视频可以看到,名为"火球"的内向座舱大摆锤(见图3-32),在高速运行时其中一组座舱突然断裂,将载有乘客的座舱砸向地面。

21. 黎巴嫩摩天轮倒塌事故

2016年9月14日,黎巴嫩首都贝鲁特南部一台摩天轮发生了倒塌事故,造成至少6人受伤,如图3-33所示。事故发生在贝鲁特国际机场附近的一座主题公园内。黎巴嫩红十字会组织称,6名伤者中,4人被送入当地医院治疗,情况稳定,另外2人现场接受救治。黎巴嫩国内安全

图3-31　墨西哥大摆锤事故现场

图3-32　美国大摆锤事故现场

图3-33　黎巴嫩摩天轮事故现场

部队和民防部门人员在事发后赶到现场进行处理,以防出现更多人员伤亡。据黎通社报道,摩天轮倒塌是因为技术故障。

22. 阿根廷飞龟高空卡滞事故

2019年5月6日,阿根廷西部圣胡安省的"好莱坞"嘉年华游乐场内,发生了一起飞龟高空卡滞导致36名乘客高空滞留数小时的事故,如图3-34所示。目击者称,飞龟在运行中突然停止,部分座舱内的乘客处于头完全朝向地面的状态,游乐场的技术人员紧急救援无效,在场的一些乘客拨打了电话报警。消防人员采取人工救助的方法进行了约5h的施救后,通过救援绳将36名乘客输送到了地面,这些乘客虽未受伤,但均不同程度地受到了惊吓。

图 3-34　阿根廷飞龟事故现场及救援情况

23. 阿根廷海盗船乘客坠亡事故

2015 年 2 月 8 日，阿根廷科尔多瓦省米拉马尔市的一个游乐园内，一名 9 岁的女孩在乘坐海盗船（见图 3-35）时不慎坠落，因头部遭受强烈撞击不治身亡。据当地警方称，当时女孩的父母也在海盗船上。

24. 老挝狂呼卡滞事故

2019 年 11 月 18 日，老挝万象一家新开的游乐场内，一台狂呼在运行过程中突然发生机械卡滞故障，导致两名乘客被滞留在了高空，如图 3-36 所示。

25. 印度尼西亚海盗船断裂事故

2019 年 7 月 23 日，印度尼西亚中爪哇省

图 3-35　阿根廷发生事故海盗船

一个游乐场内，一台海盗船发生了一起 4 名乘客从 2.7m 高处坠落的事故（见图 3-37），其中 1 名 15 岁的少年惨死，另外 3 人受伤，伤者均为 15～16 岁的少年。

图 3-36　老挝狂呼卡滞事故现场　　　图 3-37　印度尼西亚海盗船事故现场及救援情况

其中一名伤者表示,他和朋友想趁游乐场(24 日)正式开放之前乘坐一次海盗船,但设备启动不久后,海盗船最后方的一块方钢突然断裂,导致他们几个连座位一起坠落到地面上。但海盗船操作人员表示,事发时这几位少年并没有坐在座席位置上,而是站在海盗船的边缘结构上。他曾警告过他们,但由于背景音乐太大,少年没有听见他的话。警方表示,经过深入调查后,将操作人员列为嫌犯,理由是他涉嫌疏忽海盗船的安全。

26. 缅甸人力摩天轮座舱坠地事故

2019 年 3 月,缅甸孟邦一名儿童在一起摩天轮事故中丧生。这名 13 岁的女孩在成年人的陪同下前往丹佛市瑙卡拉区的一个游乐场乘坐摩天轮,女孩所乘坐的吊舱意外翻转,导致其从座舱内掉出,在坠落的过程中女孩的头撞在了铁柱子上,当场死亡,如图 3-38 所示。

图 3-38　缅甸人力摩天轮事故现场

27. 巴西勇敢者转盘倒塌事故

2017 年 7 月 26 日,巴西 Goiânia 的一家名为 Parque Mutirama 的游乐园内发生了一起导致 13 人受伤的事故。当载有 12 名乘客的勇敢者转盘提升至顶部时,由于大臂断裂成两段突然倒塌,并砸伤了一位在旁边观看的游客。事故情况如图 3-39 所示。

图 3-39　巴西勇敢者转盘倒塌事故现场及救援情况

28. 印度摩天轮倾覆事故

2018 年 5 月 27 日,印度阿纳恩塔普尔市游乐场一台敞开式摩天轮因吊舱固定不牢导致吊舱发生翻覆(见图 3-40),造成一名 10 岁女孩死亡,另有 6 人受重伤,其中包括 3 名儿童。

图 3-40　印度摩天轮倾覆事故发生瞬间

29．印度大摆锤断臂事故

2019 年 7 月 14 日，印度艾哈迈达巴德根格里亚冒险公园内，发生了一起大摆锤的主轴在其开始加速时发生故障并断裂导致座舱坠地的严重事故，如图 3-41 所示。事发当时设施上共有 31 名乘客，随后 29 人被送往医院，据悉该事故造成了至少 2 名乘客死亡。

据专家分析，该事故是由于大摆锤的大臂根部应力集中导致疲劳断裂造成的。据称这是一台从欧洲进口的二手设备，在事发之前已经运行了很多年，且存在日常检查不到位的情况，这也反映出印度游乐场缺乏监管的问题。

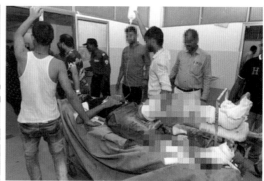

图 3-41　印度大摆锤断臂事故发生瞬间及伤者

30．巴基斯坦大摆锤断臂事故

2017 年 8 月 19 日，巴基斯坦卡拉奇的一个游乐场内发生了一起意外事故，正在运行的 360°大摆锤由于座舱侧大臂根部发生断裂，导致设备座舱坠落致地面（见图 3-42），造成一位 12 岁女孩当场死亡，另有 25 人受伤。

图 3-42　巴基斯坦大摆锤断臂事故现场

事发之后游乐场的经营者表示该设备是从中国河南某制造厂进口的,之后游乐场的经营者逃逸。据事后调查,该游乐设施座舱的坠落是由于座舱侧大臂的法兰连接螺栓断裂所导致的。

31. 菲律宾自控飞机断臂事故

2020 年 1 月,菲律宾安蒂波洛市的一个露天游乐场内发生了一起游乐设施事故,一台名为"螺旋喷气机"的自控飞机类游乐设施的一个座舱臂突然折断,导致两个游客从锁着的座舱中被甩到地上,如图 3-43 所示。一名目击者称,事发当时座舱中似乎有油泄漏出来。两名受伤者意识清醒,并立即被送往医院治疗。

图 3-43　菲律宾自控飞机断臂事故发生瞬间

32. 乌兹别克斯坦大摆锤断臂事故

2019 年 7 月 2 日,乌兹别克斯坦某游乐园内发生了一起大摆锤大臂断裂,导致座舱坠地的事故,如图 3-44 所示。

图 3-44　乌兹别克斯坦大摆锤断臂事故发生瞬间现场情况

据目击者表示,当大摆锤摇到第二圈时,其顶部的金属位置突然发生断裂,随即整个机身和游客们都瞬间重重砸向了地面。

由于大摆锤机身重量过大,导致之后的救援时间较长。当地相关部门对此进行通报称,一名 19 岁的女孩不幸在事故中身亡。

33. 泰国单臂飞毯事故

2019 年 11 月 30 日，泰国中部华富里府的一台游乐设施发生事故，导致 6 人被甩飞，其中 4 人受伤，如图 3-45 所示。

图 3-45　泰国"单臂飞毯"事故现场

据报道，这本是华富里府一所学校组织的冬季市集上的娱乐活动之一。发生事故的单臂飞毯设施名叫"疯狂波浪"（Crazy Wave）。

在社交媒体上，目击者分享的现场视频显示，当时设备正在快速摆动中，乘客们不断发出刺激的尖叫声。然而他们随后竟一个个被甩出座舱。一名男孩被甩到地上，头部受伤，血流了满脸，围观者赶紧上前进行抢救。当设备慢慢停下的时候，其他乘客纷纷逃出。

当地警方称已找到证据证明，事故原因是操作人员在未锁紧乘客腿部挡杆的情况下按下了设备运行按钮，导致 6 名乘客从座位上被甩出。其中一名 13 岁的女孩左腿骨折，另外 3 名伤者伤势不重。

34. 西班牙"迪斯科转盘"解体事故

2020 年 6 月 10 日，西班牙南部塞维利亚省附近的某游乐场内，发生了一起迪斯科转盘运行过程中解体的事故，导致至少 28 人受伤，其中多名伤者为儿童。

共有 9 人被送往医院进行抢救，其中包括 1 名头部严重受伤的 13 岁女童，以及另外 4 名年龄在 12～14 岁的少年。而另外 19 人则在现场接受了治疗。

当局声明指出，发生事故的游乐设施于 2001 年建造，并已通过所有的安全检查。事发后该游乐场已被暂时关闭。

图 3-46　西班牙"迪斯科转盘"事故现场情况

35. 澳大利亚"太空船"乘客坠落事故

2020 年 10 月 24 日，澳大利亚某游乐场发生了一起"太空船"高空坠落的事故（见图 3-47），一名 25 岁的澳大利亚女子在游乐场玩耍时，从一台 360°旋转的"太空船"上面掉了下来。

图 3-47　澳大利亚发生事故的"太空船"

据了解,事发当时在设备达到最高点时一名女子大声叫喊:"我要掉下去了。"话音刚落,女子就掉了下去。事后警方跟消防以及救护人员都纷纷赶到现场,救护车到达时该女子已经昏迷,在去医院的途中该女子依旧处于昏迷状态。到医院后,医生表示该女子是头部先落地的,所以头部受伤严重并且脊椎粉碎。

36. 俄罗斯"天旋地转"倒挂事故

2020 年 7 月 19 日,俄罗斯北高加索地区纳尔奇克的一个游乐园内发生事故,一座运行中的游乐设备突然断电,停在距离地面 8m 高的地方(见图 3-48),导致数十名游客头朝下在高空中滞留超过 8min。

图 3-48　俄罗斯"天旋地转"事故现场

据称这起事故是"电力故障"导致的。约 10min 后,"天旋地转"才恢复电力。没有人员伤亡。

37. 美国"Big-E"高空滞留事故

2020 年,美国马萨诸塞州某游乐场一台名为"Big-E"的设备发生了高空滞留事故(见图 3-49),当地消防队通过消防车解救了 20多名乘客。通过紧急救援,所有乘客都安全返回地面。

该设备是一个巨大的圆盘,它在地面上旋转并以 45°向一侧倾斜,乘客被钢制挡杆束缚在座席上。

图 3-49　美国马萨诸塞州高空滞留事故救援现场

38. 巴西章鱼坠地事故

2021年1月9日，巴西圣保罗一个名为Yupie! Park的游乐园内发生了一起事故，一名19岁的女孩在乘坐"章鱼"时，因为章鱼的大臂在运行过程中突然坠地而受伤，如图3-50所示。据现场情况判断，事故的原因是章鱼的大臂销轴发生脱落，导致大臂在运行过程中坠地。所幸该女孩受伤情况并不十分严重。

39. 巴西儿童木马触电死亡事故

2021年10月，巴西Santa Catarina的某游乐园内，发生了一起儿童触电身亡的事故。当时这名13岁的男孩触碰到一台正在进行开业前测试的儿童三轮车形状的转马类设备（见图3-51）后触电倒地并不治身亡。

图 3-50　巴西章鱼坠地事故现场

图 3-51　巴西触电事故事发设备

40. 伊朗大摆锤卡滞事故

2021年5月，伊朗一个游乐园发生了一起因360°大摆锤卡滞导致的人员倒挂高空滞留事件，如图3-52所示。

图 3-52　伊朗大摆锤卡滞事故现场

在座舱 360°翻转时,恰好在乘客头部朝下的时候设备突然卡滞无法启动。约 30min 后乘客才被救援下来。根据视频判断,很可能是由于大臂在运行过程中发生了减速机卡滞导致设备无法正常工作,从而造成了事故的发生。

41. 印度尼西亚摩天轮吊舱倾翻事故

2018 年 11 月 11 日,印度尼西亚日惹市一家夜市的摩天轮在运转过程中突发故障,导致 3 个吊舱发生翻转事故,吊舱中的乘客受到了严重惊吓,如图 3-53 所示。

现场视频显示,在 3 个吊舱发生翻转后,一个吊舱中的一家 3 口从摩天轮吊舱里掉了出来,跌至倒转过来的吊舱顶上。在摩天轮停止之前,操作员迅速爬上移动中的摩天轮,前去帮助这个家庭,抱着小孩的女人将孩子传给了其他操作员。可以看到还有其他人从翻转的吊舱里爬下来。

据称,当天这种翻转共发生了两次。第一次是视频中显示的翻转。然后,摩天轮又沿相反方向移动,几乎接近地面,另一个吊舱再次翻转。救援乘客的过程大约花了 30min。

42. 印度尼西亚摩天轮中轴断裂事故

2019 年 6 月 30 日,印度尼西亚一个夜市里的一座小型摩天轮发生中心轴断裂导致转盘坠地的事故,如图 3-54 所示。现场操作人员爬到倾斜的摩天轮上,通过人工救助的方法将困在吊舱里的游客疏散到了安全地带。紧急救援过程中,10 名左右的妇女、儿童受到不同程度惊吓。

图 3-53 印度尼西亚摩天轮吊舱倾覆事故　　　图 3-54 印度尼西亚摩天轮中轴断裂事故现场
现场新闻照片

43. 菲律宾摩天轮乘客头发被夹事故

2018 年 9 月,菲律宾南苏里高省的 1 名女性乘客下班后和 4 名朋友一起到游乐园游玩,乘坐摩天轮时她因为太累睡着了,后来突然感到一阵剧痛,醒来时发现头发竟然被卷入摩天轮吊舱的轴承中,如图 3-55 所示。

工作人员听到她的惨叫声后,虽然立即暂停了机器,但摩天轮仍须转到地面才能救人,导致该名乘客又有更多的头发和头皮被剥落。

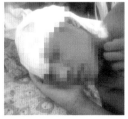

图 3-55 菲律宾摩天轮乘客头发被夹事故现场

44. 泰国摩天轮座舱火灾事故

2016年4月30日，泰国曼谷市中心一个刚开张不久的恐龙主题乐园内，一台摩天轮的一个座舱突然起火。幸好当时摩天轮上没有人，事件中无人受伤。

3.4 国外升降类大型游乐设施事故

1. 埃及太空梭坠地事故

2020年9月22日，埃及马特鲁省某游乐场内，一台名为"空中旋转"的太空梭类游乐设备在运行中发生故障后坠落，导致10人受伤，其中包括6名儿童，受伤乘客年龄最大的52岁，最小的只有7岁，伤者均为骨折、挫伤等不同程度外伤。

2. 印度太空梭坠地事故

2019年6月30日，印度金奈昆士兰的一个游乐园内发生了一起太空梭坠地事故（见

图3-56 印度太空梭坠地事故现场

图3-56）。该设备在运行过程中从高约3m处突然坠落，造成12名乘客受伤。事故现场的监控视频显示，该设施在下降过程中一侧钢丝绳突然断裂，导致乘客突然坠落。

3. 法国高空飞翔人员坠地事故

2019年10月14日晚，两名女子在法国中部费米尼镇举办的年度露天游乐嘉年华乘坐高空飞翔（见图3-57）时，她们所乘坐的座舱坠地，导致其中一名24岁的女子当场死亡，另一名20岁的女子身受重伤。

图3-57 法国"高空飞翔"坠地事发设备

事故发生后，消防队救援人员抵达事故现场实施救援，受伤女子被送医急救。警方表示，共有4人遭到逮捕，分别是发生事故的高空飞翔及邻近的另一设施的老板和操作员。

4. 沙特摇头飞椅乘客坠地事故

2018年4月，沙特某游乐场内的一台摇头飞椅在旋转过程中，一名坐在座椅上的乘客被甩出，恰巧砸到了两名在设备附近站立的妇女身上，如图3-58所示。

5. 美国观光塔高空滞留事故

2016年12月,美国橙县诺氏草莓乐园(Knott's Berry Farm)内的一台设备,在高度约50m的观光塔上发生高空滞留事故,有21名游客(其中包括7名儿童)被滞留在40m高的观光塔中。下午2:00,设备吊舱发生卡滞无法下降,游乐园的技术人员试图救援未果,于下午5:00报警,并由消防员将被困乘客疏导至地面,如图3-59所示。

图3-58　沙特摇头飞椅事故现场监控画面

图3-59　美国观光塔高空滞留事故现场新闻图片

6. 美国飞椅乘客坠地事故

2015年6月13日,美国缅因州某嘉年华游乐场内,一名女乘客在乘坐飞椅(见图3-60)时发生了坠地事故。州政府指控嘉年华没有培训操作员,但也有消息说当时是这名妇女自己解开了座椅挡杆导致发生坠落。

图3-60　美国缅因州飞椅乘客坠地事故设备

7. 英国"探空飞梭"座椅坠地事故

2016年7月26日,英国弗雷德里克县集市发生了一起太空梭座椅坠地,导致游客重伤的事故,如图3-61所示。一名47岁的女性在乘坐名为"探空飞梭"的游乐设备时受伤。当设备下落至12m时,固定她的座椅从设备的主体框架上脱落后坠落到了地面,导致该乘客浑身多处受伤,被送往温彻斯特医疗中心接受治疗。

图 3-61 英国"探空飞梭"座椅坠地事故现场

该设备的制造商已经报告说，设备本身并不存在安全问题，事故是由于使用者在现场安装时未用螺栓固定好该乘客所乘坐的座椅导致的。

8. 哈萨克斯坦摇头飞椅座椅碰撞事故

2021 年 5 月 2 日，哈萨克斯坦乌拉尔斯克市一个主题公园内的摇头飞椅发生了座椅碰撞事故，两个秋千座椅被卡住，导致上面的孩子在半空中高速碰撞，并且造成后面的座椅也跟着失控撞击。事故共造成 5 名男孩和 3 名女孩受到瘀伤和擦伤，还有头部创伤和脑震荡。

3.5　国外其他类大型游乐设施事故

1. 奥地利滑道乘客跌落事故

2015 年 8 月，奥地利的某滑道（见图 3-62）发生了一起事故，一名 14 岁的阿拉伯女孩，因为在运行中自己解开了安全带，导致车体转弯时跌落车外，头部撞击金属致死。据调查，当时女孩可能为了更好地用手机自拍，自己解开了安全带导致事故发生。事后业主设定了联锁，运行中安全带无法打开。据统计，奥地利每年各种滑道事故总计可达 400 起。

图 3-62 奥地利事故滑道

2. 瑞士滑道乘客翻出事故

2016 年 8 月,在瑞士 jakobsbad 发生了一起一名 44 岁男子在乘坐滑道(见图 3-63)时翻出车体致死的事故。事故原因不明,没证据显示设备存在故障或缺陷,而且可以确定的是,在出发前该游客是系了安全带的。

3. 德国滑道断腿事故

2017 年 10 月,德国 Fort fun 一名 12 岁的男生,在乐园内乘坐滑道(见图 3-64)时,因为把脚放到轨道上而被撞断,导致小腿截肢。据称事故的原因是轨道湿滑不易减速,所以乘客错误地用脚来进行刹车。

图 3-63 瑞士滑道事故设备   图 3-64 德国滑道事故设备

4. 德国滑道乘客跌出事故

2018 年 8 月,德国 Eifelpark Gondorf 一名 46 岁的法国游客,在乘坐滑道(见图 3-65)时因为不明原因解开了安全带,导致跌出轨道重伤。由于事发地点很难靠近,最后动用了消防人员,并且由救援直升机将受伤乘客送到了附近的医院。

图 3-65 德国事故滑道

5. 澳大利亚滑索乘客坠地事故

2019 年,澳大利亚 Queensland 乐园内发生了一起滑索乘客坠地事故(见图 3-66),一名 50 岁的男子与其妻子在乘坐滑索时从 16m 高处坠落至地面,男子头部遭到重创当场身亡,他的妻子因疑似脊柱、骨盆、肩部和手臂重伤住院治疗。事故是由于滑索钢丝绳断裂所导致的。

图 3-66 澳大利亚滑索乘客坠地事故现场

6. 泰国滑索碰撞事故

2015 年 7 月 13 日,泰国清迈迈安镇景点发生了一起滑索碰撞事故,一名中国籍游客和一名美国籍游客撞在一起,导致两人都重伤被送进医院抢救。

7. 泰国滑索乘客坠落事故

2019 年 4 月,泰国清迈一名加拿大男子在乘坐高空丛林滑索时从 100m 的高空坠落,当场死亡,如图 3-67 所示。这名不幸的男子年仅 25 岁,事发时正在泰国清迈度假。他参与的项目是清迈的 Flight of the Gibbon(长臂猿丛林飞跃),滑索长度达 5km,是亚洲最长的滑索之一。

图 3-67 泰国滑索乘客坠落事故现场

据当地媒体报道,这名男子在刚滑下去没多久,绳索就断了,导致他从近100m的高空跌落。他的尸体在一条岩石小溪边上被发现时已经惨不忍睹。丛林滑索项目规定参与者体重不得超过125kg,该男子体重为125kg,规定需要8根安全绳固定,但当时他只被绑了3根。

Flight of the Gibbon承担了这起事故的全部责任,并为受害者家属提供了额外补偿。2016年,这处滑索也发生过类似事故,在3名以色列游客受伤后,Flight of the Gibbon因安全检查而被关闭。

8. 澳大利亚漂流船体倒扣事故

2016年10月25日,澳大利亚的Queensland乐园内,一艘峡谷漂流的载人筏在传送平台上倒扣,造成4人死亡,如图3-68所示。

图3-68　澳大利亚漂流船体倒扣事故现场

事发当时,有一只空筏卡在车站里,一条传送带因故障使返回的木筏撞到了前面的木筏上,并导致其翻转过来。

9. 日本架空观览车车体坠落事故

2015年5月2日,日本千叶县县立莲沼海滨公园内发生了一起架空观览车车体坠落伤人的事故,如图3-69所示。

图3-69　日本千叶架空观览车座舱坠地事故现场

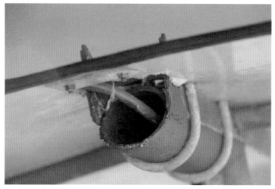

图 3-69　（续）

　　该悬挂式电动架空观览车每舱可乘坐两名乘客,自站台出发大约行驶了 68m 后,在第二个转弯处的前方,由于座舱的悬臂吊杆结构断裂导致座舱从距地面大约 4m 高处坠落至地面,致一名乘客重伤(肋骨骨折、头部外伤)。

　　该设备是 R&R 公司在 1988 年制造的,事发时座舱内有一名成人和一名儿童。

　　如图 3-70 所示,悬臂吊杆为外径 48.6mm、厚 3.2mm 的钢管,垂直于水平悬臂 90°对接处采用开 45°坡口对接接头,拐角处采用三角形焊接筋板加强(见图 3-71)。本次事故就是由于这个位置发生疲劳断裂造成的。

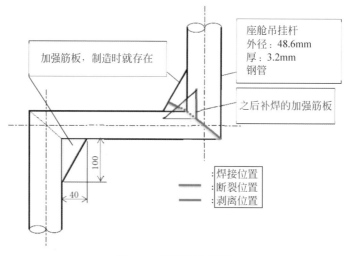

图 3-70　悬臂吊杆结构

从现场照片来看,断口的所有部位都有锈迹,可以推测事故发生时焊缝已经失效。另外,钢管内部也发生了很严重的锈蚀,90°转角处的加强筋板也是沿着45°方向发生了断裂,如图3-72所示。

加强筋板断面的电子显微镜照片显示,在结构件附近存在延性破断面。

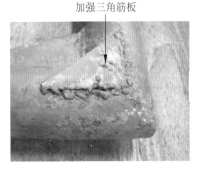

加强三角筋板

图3-71 加强筋板现场情况

此外,在吊挂部件转弯处恰巧有一个树脂制的防雨顶棚,导致该处日常检查时不易直接进行目视检查。

设备的运行和停止是由站台上的两名操作员实施的,出发时一名操作员按压座舱侧面的按钮发车,车体回到站台后由另一名操作员再次按同一按钮实现停车。事发前的4月12日,维修人员在自检过程中,在此次断裂处曾发现了一条3mm左右的裂纹,并通知了使用单位。4月16日,由原生产企业R&R公司进行了维修。R&R公司负责维修的职员对2.6mm的管材进行了补焊,并且在90°转角处焊接了2.3mm厚的加强筋板,但并没有对之前开裂的焊缝进行具体检查。焊接时为了避免对管内接线造成损伤,采取了降低电压水冷焊接工艺进行补焊。据使用单位反映,原本应该拆除配线,在工厂内部彻底检查后再进行补焊,可是不知道什么原因维修人员只是对外表面进行了简单的补焊处理。4月18日,使用单位在目视确认后再次将该车辆投入运行,直至5月2日发生事故时,该设备共运行了160圈。

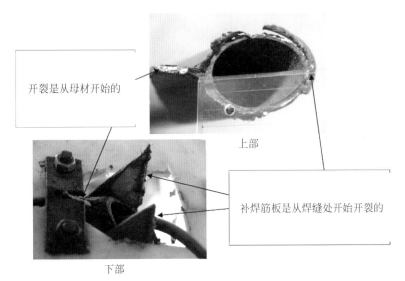

开裂是从母材开始的

上部

补焊筋板是从焊缝处开始开裂的

下部

图3-72 断口情况分析

事故发生后使用单位委托相关单位对设备的强度重新进行了核算,计算结果表明受力结构及加强筋板的安全系数符合相关法规标准要求,证明设备并不存在设计方面的问题。

事故的原因被推测为制造时存在焊接不良及设备老化(投入使用接近13年),在运行中的振动与转弯处产生的向心力导致了疲劳破断的扩散,并最终导致座舱坠地。此外,在自检发现裂纹后使用单位与维修单位的维修方式不当也是事发的主要原因。

最后相关部门责令使用单位拆除了该台设备,同时制造企业对其制造销售的其他10台设备进行了安全排查。

10. 日本漂流乘客断指事故

2015 年 7 月 25 日，日本东京的一家游乐场内发生了一起乘客乘坐漂流导致受伤的事故。当时一名乘客在水道内伸出手臂，恰巧手指夹在了固定船的挂环与固定设施之间，导致其左手中指被切断。

图 3-73　西班牙格拉纳达蹦极事故现场

11. 西班牙蹦极事故

2015 年 7 月 23 日，西班牙格拉纳达一名 23 岁的英国女子在玩蹦极时与设备周围障碍物意外发生碰撞身亡。经调查，该蹦极绳放得过长，导致乘客在下坠过程中撞到了座钢结构的桥梁下方约 80m 处的一座石桥（见图 3-73），不治身亡。

负责放绳的工作人员是一位仅仅在此工作了两个月的缺乏经验的蹦极教练。另有知情人透露，还有教练在现场鼓励蹦极参与者的同时给他们饮用啤酒。

12. 西班牙蹦极事故

2015 年 8 月 13 日，西班牙桑坦德市一名来自荷兰的 17 岁女孩在进行蹦极运动时，不幸身亡。这名女孩在未系好安全设施的情况下，误听了指令（指导员说的是"no jump"（不要跳），但是她听成了"now jump"（现在跳）），从 40m 的高空跳下，不幸坠入蹦极台下方干涸的河床，不治身亡。

当地法庭对此案进行了审理，认为那个没有被披露姓名的蹦极教练员的英语水平不适宜在此类极限运动中指导外国人。因此法庭判决，此次事故的责任主要归咎于蹦极教练员对于英文的发音和使用不准确。

另外，该蹦极的经营单位并未取得开展蹦极运动的相关资质，且并未按要求核实乘客年龄，导致该名乘客未经监护人同意就直接参与了此次蹦极。

13. 西班牙蹦极事故

2017 年 4 月 19 日，西班牙马德里市发生了一起蹦极事故，导致一名女性游客面部撞在岩石面上后门牙被磕破，血流满面且伴有擦伤，如图 3-74 所示。

图 3-74　西班牙马德里蹦极事故现场及伤者

14. 哈萨克斯坦弹射蹦极事故

2020 年 1 月,哈萨克斯坦阿拉木图市的一名 13 岁男孩在当地一家游乐场玩弹射蹦极时突然脱离束缚装置,从距地面 6m 高的空中摔落在地,导致腰椎有 4 处压缩性骨折,并且手腕、脚踝和脚跟也出现骨折。

从现场游客分享到社交媒体上的一段视频中可以看到该男孩脱离蹦极座椅,在空中飞过并摔落在地的整个过程。据相关报道称,这根弹力绳本该带着这个男孩进行垂直弹射,但弹射过程中却意外断裂。

图 3-75　哈萨克斯坦弹射蹦极事故现场

15. 哥伦比亚蹦极事故

2021 年 7 月 20 日,一名哥伦比亚女子蹦极时,绳索没有系好便从 50m 的高桥上跳下,导致坠亡,如图 3-76 所示。坠亡的主要原因是该名乘客在没系好安全装置的情况下,错误地理解了教练员发出的指令而直接跳下所致。

图 3-76　哥伦比亚蹦极事故设备

之后的医疗报告显示,这名年轻的女子除了在自由落体过程中受伤之外,可能在落地前心脏病发作了。

16. 波兰蹦极事故

2019 年 7 月,波兰格丁尼亚市一名 39 岁的男子从一个 100m 高的起重机悬挂吊厢中跳下(见图 3-77),下落过程中蹦极绳突然断裂,使其直接掉进了地面上的一个安全气囊内。进入安全气囊后,该男子又被安全气囊弹起来了一次才最终停下来。

图 3-77　波兰蹦极事故现场

　　该男子坠落后意识清醒,随后被送往医院。据报道,虽然他脊椎骨折,多处内脏受伤,但幸运的是没有生命危险。

　　17. 巴西蹦极坠地死亡事故

　　2016 年 12 月,巴西圣保罗市一名 36 岁的巴西男子在体验蹦极项目时,由于蹦极绳的长度过长,导致下落过程中该男子的头部撞击到了地面上,如图 3-78 所示。虽然他立即被送往附近的医院救治,但终因伤势过重而死亡。

图 3-78　巴西蹦极坠亡事故现场

　　18. 哈萨克斯坦蹦极坠地死亡事故

　　2021 年 10 月 11 日,哈萨克斯坦一名 33 岁的女性从一家酒店 25 楼的高处蹦极,因工作人员没把蹦极绳固定好,下落过程中蹦极绳长度过长导致该乘客直接坠落在地面上,遭受撞击及蹦极绳拖拽撞墙后死亡。

　　19. 美国高速水滑梯男童断头事故

　　2016 年 8 月 7 日,美国堪萨斯州的 Schlitterbahn 水公园内,一台名为"Verrückt"的高速水滑梯发生了一起导致一死两伤的严重事故,如图 3-79 所示。

　　事发当时在皮筏通过第一个坡底后,再次向上爬升的时候皮筏腾空飞起,坐在前面座位的 10 岁少年被弹出,并撞到滑道上部的防护网上,导致其颈部被网兜架割断当场死亡,乘坐在后面座位上的两名女士面部受伤。

图 3-79　美国堪萨斯男童断头事故设备

据报道,该设备的皮筏曾出现过多次失效的情况,而且事故发生时所使用的皮筏比其他皮筏的速度更快,在空中跳跃的次数更多。该设备是曾经创造了吉尼斯世界纪录的最高水滑梯,但设计和制造由游乐园自行完成。在设计中没有完善的理论计算,完全依靠反复试验,并且在设计制造过程中经过了多次修改、重建,导致开放日期延期了约 2 个月。事故发生之后这条水滑梯就关闭了。公园承诺当对男孩死亡的调查结束后就拆除这台设备。

根据事后公布的大陪审团起诉书,该水上乐园经营者和一名高管犯涉嫌过失杀人罪。起诉书指控这家公司的共同所有人和该滑道的设计师,在并不具备与游乐园游乐设施相关的技术或工程专业知识的情况下匆忙将其投入使用。

此次事故发生之前,堪萨斯州法律允许公园每年对游乐设施进行检查。事故发生之后,立法者几乎一致通过了对游乐场游乐设施实施更严格的年检要求,规定了检查人员的资格,并要求游乐场向国家相关机构报告伤亡情况。

由此可见,事故发生的主要原因是设计人员和单位不专业、束缚装置(安全带)失效、事故隐患排查和处置不及时、不彻底。为避免同类事故发生,应加强设计人员和单位的资质审查、加强安全装置的设计审查和检验、加强事故隐患的排查和处置。

20. 美国水滑梯乘客瘫痪事故

2019 年 7 月,美国环球 Volcano Bay 水公园内一台名为"Punga Racers"的水滑梯(见图 3-80),发生了一起游客在截留区内被水浪冲击,导致头部剧烈后仰造成瘫痪的事故。这台水滑梯是乘垫滑梯头向下滑行的,据反映 2017—2019 年间累计 115 名游客在该滑道上受伤,有擦伤、流鼻血、脑震荡和脖子扭伤等不同程度伤害。

图 3-80　美国环球水公园发生事故水滑梯外观

据称，在设备调试阶段另有两名试滑员受伤。该设备是由加拿大 Proslide 公司设计制造的。

21. 巴西水滑梯事故

2018 年 7 月，巴西 Fortaleza 市的 Beach Park 水公园内，一名 43 岁的游客在乘坐一台名为"Vainkara"的水滑梯滑行时，与另外 3 名乘客乘坐的皮筏相撞，致使其从滑道内跌出滑道外，撞击到构筑物当场死亡，如图 3-81 所示。

图 3-81　发生事故水滑梯外观与事故发生位置

该水滑道有 150m 高、90°垂直下落零重力体验。据称该设备是由加拿大 Proslide 公司设计制造的。

22. 澳大利亚高速水滑梯事故

2020 年，澳大利亚某主题公园内一名 8 岁女孩在乘坐一台高速水滑梯（见图 3-82）时下体受到水流冲击导致受伤。

图 3-82　澳大利主题公园发生事故的设备及受伤女孩

当时工作人员给出的唯一指示是游客的双腿和手臂需要交叉，却没有提示他们所穿泳衣可能带来的危险。在女孩下滑时，水压将其双腿分开，导致其遭受了严重的生殖器官伤害。因为该事故，这家游乐场的母公司被罚款了数百万美元，而女孩的家人也对其采取了法律行动。

23. 美国水滑梯乘客脊髓损伤事故

2020 年 7 月 11 日，美国奥兰多环球影城一名游客在玩水滑梯时发生事故，他的脸和头撞到了落水池底部,头部受到猛烈冲击,导致其脊髓受伤,接受了椎板切除术后瘫痪。

24. 美国水滑梯溺死事故

2020 年 8 月 17 日,美国亚利桑那州斯科茨代尔的埃尔多拉多水上健身中心,一名流浪汉被卡在了一个水滑梯的支撑管道里,并因此死亡。据当地警方所述,午夜之后,巡逻的警官听到了有人在尖叫和哭泣,他们花了 1 个多小时才发现了这名男子被困在了一根水滑梯管道里面。事实上,当紧急救援人员找到了这名男子时,他已经死亡了。

25. 阿根廷水滑梯事故

2019 年,一对夫妇在阿根廷马德普拉塔市 Aquopolis 水上公园游玩水滑梯时,由于他们所乘坐的橡皮筏从滑道中飞出导致高处滑落,两人头部和身体受到了撞击。

26. 西班牙水滑梯事故

2019 年,一名英国男子在西班牙度假时在水滑梯上摔断了脖子。当这名男子和他的女友从水滑梯上开始下滑时,男子的头部撞击到水面时向前猛冲了起来。在被救护车送往医院的重症病房之前,他甚至昏迷了几分钟。他受到了极其严重的伤害,不得不暂时靠生命保障系统才能生存下去。由于他的脖子断了两个椎骨并遭受了脊髓损伤,因此即便得到了治疗,他也可能会永远瘫痪。

第4章 滑行类大型游乐设施检验案例

4.1　滑行类大型游乐设施检验案例统计分析

本章对国内滑行类大型游乐设施检验案例进行统计和分析。通过案例收集,共发现滑行类游乐设施检验案例 64 个,从案例发生环节来看,在役设备有 49 个,新设备有 15 个。按设备种类进行划分,其中过山车案例 32 个(占 50%,主要包括三环过山车、四环过山车等传统过山车案例 17 个、矿山车案例 2 个、木质过山车案例 5 个、魔环过山车案例 3 个、悬挂过山车案例 5 个)、自旋滑车和疯狂老鼠案例 11 个、激流勇进案例 10 个、其他滑行车案例 11 个(主要包括弹射过山车、摩托过山车、架空游览车、滑道、滑行龙等)。案例统计结果如图 4-1 所示。

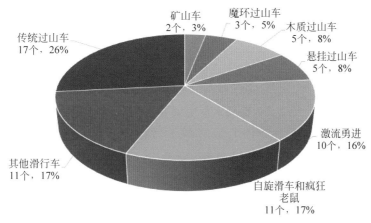

图 4-1　滑行类游乐设施案例统计结果

2015—2021 年,滑行类大型游乐设施事故共发生 9 起,其中过山车类设备事故发生 6 起,占 67%,这与过山车案例占据的比例呈现了一定的相关性,说明过山车仍是滑行类设备中风险较大的设备类型。从设备检验和监管的角度,应加强过山车设备的安全监察工作。

从失效部位分析,案例数量由多到少依次为:车体案例有 9 个,主要为车架、轮架等的重要受力焊缝开裂;压杠锁紧装置案例有 6 个,主要为过山车类压杠锁紧油缸失效、过山车类设备锁紧装置结构损坏;轨道案例有 6 个,主要为轨道焊缝开裂与连接螺栓掉落或断裂;电气与控制案例有 6 个,主要为电气与控制不当引起的车辆安全功能失效;与轴相关的案例有 5 个,主要为轴的开裂、腐蚀、异常磨损;止逆装置案例有 5 个;此外还有其他位置的失效,具体如图 4-2 所示。

从检验案例按失效部位进行统计的角度可以看出,滑行类设备的主要问题集中在车体、轴与轨道这 3 个主要受力部位(占 31%,且主要的失效模式均是开裂),可见这与滑行类设备速度快、冲击大有一定的关联,这些受力部件因而容易产生焊缝开裂、疲劳裂纹。其次是乘客乘载系统(占 25%,包括锁紧、座舱、压杠、安全带),主要问题集中在锁紧装置的损坏,不能起到锁紧作用及压杠产生裂纹。最后是其他安全装置(占 13%,包括止逆系统、制动装置、防碰撞自动控制系统)。另外可以看到随着行业技术的发展,为得到更新颖的乘坐感受与效果,控制系统越来越复杂,与电气和控制相关的案例数量较之前有所增加,这也是行业比较薄弱的方面。

从缺陷类型分析,案例数量由多到少依次为:重要焊缝与轴裂纹缺陷案例 15 个,重要零部件锈蚀、异常磨损或腐蚀案例 11 个,其他案例 6 个,结构损坏案例 6 个,锁紧装置不能正常锁紧案例 5 个,机械件损坏案例 4 个,防碰撞装置失效案例 4 个,止逆系统失效案例

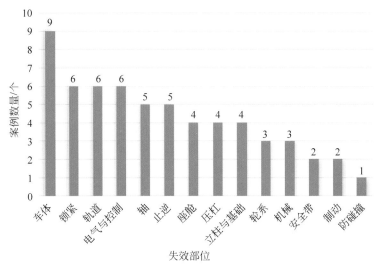

图 4-2　案例统计（按照失效部位统计）

3个,螺栓脱落断裂案例3个,接地绝缘不足案例3个,安全距离与防护不足案例2个,设计与实际不符案例1个,轮系异常案例1个,如图4-3所示。

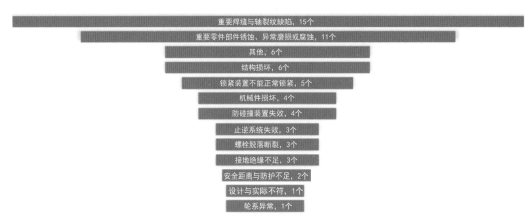

图 4-3　案例统计（按缺陷类型统计）

　　对滑行类设备,从案例统计的角度来看,重要轴及焊缝在无损检测(包括目视检测、磁粉检测、渗透检测、超声检测)过程中发现的缺陷占全部案例数量的50%(包括重要焊缝与轴裂纹缺陷、重要零部件锈蚀、异常磨损或腐蚀、结构损坏)。因此,对于滑行类设备的使用维护环节,无损检测、重要受力零部件的目视检查仍然是比较重要的;对于滑行类设备的设计环节,应注重零部件与焊缝的静强度计算、疲劳强度计算。

4.2　过山车类设备检验案例分析

4.2.1　传统过山车检验案例

1. 重庆某四环过山车验收检验不合格

2015年8月,中国特种设备检测研究院在对河北某制造单位制造、安装于重庆市某游乐园内的一辆四环过山车进行验收检验时,发现该设备前、后座椅的主体支架与车体连接处的结构与设计图纸不符(见图 4-4),结构强度明显降低。制造单位给出的理由是设计优化。因实物结构未经计算与评估,且焊缝为单面搭接形式,因此本次检验对该设计优化不予接受。

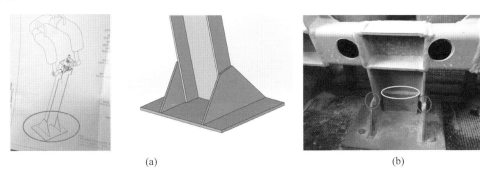

(a)
(b)

图 4-4 原设计与现场实际情况图片
(a)原设计结构;(b)现场实际情况

2. 河南某小型过山车定期检验不合格

2015 年 8 月 17 日,中国特种设备检测研究院在对国外某厂家制造、上海某制造单位移装,安装于河南省某游乐园内的一辆三环过山车进行定期检验时发现了如下问题:

(1)尾车立轴开口销使用不正确(见图 4-5(c));

(2)车侧轮轴磁粉探伤发现两处超标线性缺陷(见图 4-5(a)、(b));

(3)安全压杠仅配有一套锁紧装置,不符合法规标准要求(见图 4-5(d))。

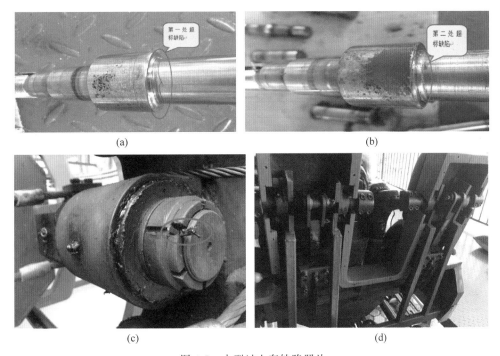

(a)
(b)
(c)
(d)

图 4-5 小型过山车缺陷照片
(a)轮轴超标线性缺陷;(b)侧轮轴超标线性缺陷;(c)开口销使用不正确;(d)安全压杠仅配有一套锁紧装置

3. 山东某单环往复式过山车定期检验不合格

2015 年 3 月,中国特种设备检测研究院在对北京某厂家制造、安装于山东省某游乐园内的一辆单环往复式过山车进行定期检验时发现了如下问题:

(1) 无设备运行记录,年检记录不完善;

(2) 部分地脚螺栓锈蚀(见图 4-6(a));

(3) 安全阀未校准;

(4) 安全带磨损严重(见图 4-6(b)),安全压杠只有一套锁紧装置,安全压杠与设备启动无安全联锁功能;

(5) 玻璃钢表面有裂纹,破损严重(见图 4-6(c));

(6) 车轮盖板螺丝安装不规范(见图 4-6(d));

(7) 车辆间电缆连接插头老化(见图 4-6(e));

(8) 运行区域下方区域无护栏,游客可随意进入(见图 4-6(f))。

图 4-6 单环往复式过山车缺陷照片

(a)地脚螺栓锈蚀;(b)安全带磨损严重;(c)玻璃钢破损;(d)车轮盖板安装不规范;

(e)车辆间电缆连接插头老化;(f)运行区域下方区域无护栏

4. 江西某三环过山车靠背架断裂，定期检验不合格

2015 年 11 月，中国特种设备检测研究院在对河北某厂家制造、安装于江西省某游乐园内的一辆三环过山车进行定期检验时，发现座椅靠背架下部的支撑槽钢采用 4mm 厚度方管支撑，共 3 件/8 件靠背架断裂，如图 4-7 所示。

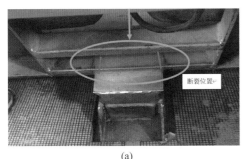 

(a)　　　　　　　　　　　　　　　(b)

图 4-7　座椅靠背架断裂

(a) 断裂位置；(b) 断口照片

5. 河南某三环过山车侧轮脱落，定期检验不合格

2016 年 2 月，中国特种设备检测研究院在对上海某厂家制造、安装于河南省某游乐园内的一辆三环过山车进行定期检验时，发现满载运行时由于侧轮脱落，导致侧轮轴直接接触轨道，造成轮轴与轨道严重磨损并导致车体卡滞在轨道上，如图 4-8 所示。

(a)

(b)

图 4-8　过山车侧轮脱落

(a) 列车卡在轨道上；(b) 现场侧轮情况；(c) 设备其余部分磨损情况；(d) 止动垫片及轴承

图 4-8　（续）

经排查发现如下原因：

（1）止动垫片与原设计选用型号不符，咬齿过小，厚度薄；

（2）轮轴轴承为推力轴承，在安装轴承时轴承方向安装错误，造成轴向力方向向外；

（3）安装时未更换松动的螺母。

6. 山西某三环过山车止逆装置失效，定期检验不合格

2016 年 7 月，中国特种设备检测研究院在对河北某厂家制造、安装于山西省某游乐园内的一辆三环过山车进行定期检验时，在止逆试验中，列车因止逆钩损坏而倒退下来。经现场观察，认为部分止逆齿降噪装置的钢丝绳过紧、止逆爪位置过高、止逆齿降下不及时等原因共同造成了止逆系统失效，如图 4-9 所示。

7. 河北某三环过山车安装位置不符合法规要求

2017 年 12 月，中国特种设备检测研究院在对河北某厂家制造、安装于河北省某游乐园内的一辆三环过山车进行验收检验时，发现设备安装在高压架空输配电线路通道内（见图 4-10），不符合法规要求。

8. 广东某"太空飞车"车轮架焊缝开裂

2018 年 12 月，广东省特种设备检测研究院在对中山某制造单位安装在广东省佛山市某公园内的一辆滑行车类大型游乐设施"太空飞车"进行定期检验时，发现其存在车辆轮架

图 4-9　过山车止逆失效，止逆钩损坏

（a）止逆装置失效导致车体从提升段倒滑；（b）中间车体(左图)的止逆爪未有效动作；（c）磨损严重的止逆钩端部

图 4-10　过山车站台及部分轨道安装在高压线正下方

焊缝开裂问题。裂纹位置出现在焊缝热影响区,裂纹长度达 130mm,已向母材扩展,开裂长度超过总截面的 30%～50%(见图 4-11),且现场发现 6 个轮架均有裂纹。

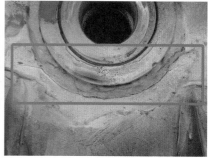

图 4-11 "太空飞车"设备轮架裂纹

从现场情况了解到,该焊缝漆面开裂明显,裂纹已肉眼可见,但维护人员未能及时发现,可见设备使用单位的维护保养工作并不到位。

9. 陕西某四环过山车轨道连接螺栓断裂

2018 年 9 月,中国特种设备检测研究院在对河北某厂家制造、安装于陕西省某游乐园内的一辆四环过山车进行定期检验时,发现该设备存在轨道驳接接头处受力销轴脱落、高强度螺栓断裂的问题,如图 4-12 所示。

图 4-12 轨道驳接接头处受力销轴脱落、高强度螺栓断裂

10. 河南某三环过山车定期检验不合格

2018年12月,中国特种设备检测研究院在对日本某厂家制造、上海某制造单位移装、安装于河南省某游乐园内的一辆三环过山车进行定期检验时,发现了如下问题:

(1)轨道与支撑结构连接处未经安全评估,擅自采用不符合设计的焊接方式进行连接,检验人员现场进行抽查,发现所有焊接接头均有缺陷(见图4-13(a)~(d));

(2)车辆运行时,轨道有异常晃动;

(3)制动装置磨损量超出标准要求(见图4-13(e))。

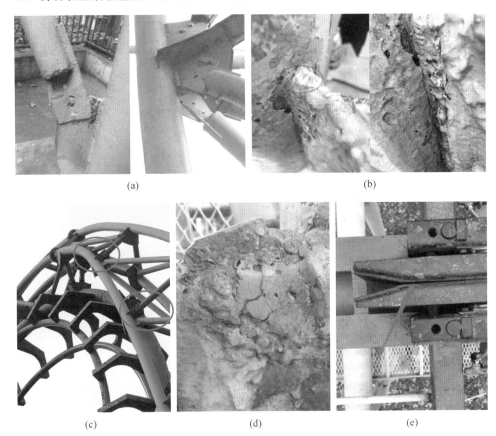

(a)　　　　　　　　　　　　　　　　　　　(b)

(c)　　　　　　　　　(d)　　　　　　　　　(e)

图4-13　三环过山车缺陷照片

(a)连接方式与设计不符;(b)连接处焊缝有裂纹、气孔等缺陷;(c)拱形架连接方式与设计不符;
(d)焊接质量差;(e)制动装置磨损超标

11. 浙江某过山车轨道连接螺栓断裂

2019年5月,中国特种设备检测研究院在对瑞士某制造单位制造、安装于浙江省某游乐园内的一辆过山车进行定期检验时,发现多处轨道连接高强度螺栓断裂,如图4-14所示。

12. 广西某三环过山车压杠严重锈蚀

2020年5月,中国特种设备检测研究院在对河北某制造单位制造、安装于广西壮族自治区某游乐园内的一辆三环过山车进行定期检验时,发现压杠包胶处开裂,有掉落的锈蚀铁渣,扒开包胶后发现压杠杠体金属锈蚀严重,检测锈蚀处金属厚度仅为2.87mm,锈蚀量为46.4%,如图4-15所示。

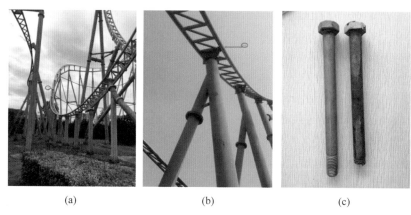

（a）　　　　　　　　　（b）　　　　　　　　　（c）

图 4-14　断裂螺栓及轨道情况

（a）轨道连接螺栓断裂位置一；（b）轨道连接螺栓断裂位置二；（c）螺栓断裂情况

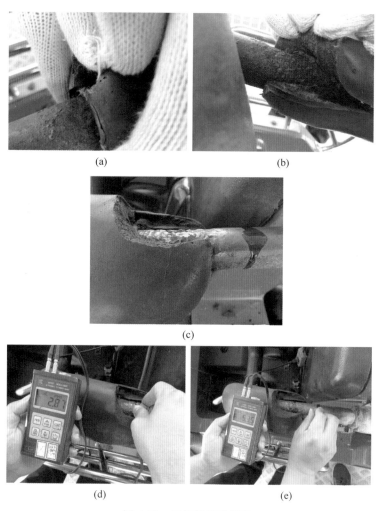

图 4-15　压杠管严重锈蚀

（a）压杠包胶破裂处；（b）压杠包胶破裂处扒开；（c）压杠锈蚀处打磨后；
（d）压杠锈蚀处金属厚度；（e）压杠锈蚀处附近完好处的厚度

13. 广西某跌落过山车运行过程中卡滞在轨道上

2020年10月,中国特种设备检测研究院在对瑞士某公司制造、安装于广西壮族自治区某游乐园内的一辆跌落过山车进行定期检验时,在运行试验过程中车体卡滞在轨道俯冲段,无法返回站台。经调查,卡滞的原因是由于疫情,设备原制造厂提供的备用车轮无法到达现场,使用单位为不影响正常运营,擅自使用未经验证的车轮导致卡滞的发生。

14. 陕西某四环过山车地脚螺栓断裂

2021年7月,中国特种设备检测研究院在对河北某制造单位制造、安装于陕西省某游乐园内的一辆四环过山车进行定期检验时,发现地脚螺栓锈蚀比较严重,经过排查发现有一根地脚螺栓疲劳断裂,如图4-16所示。通过螺栓断面初步分析,认为该螺栓存在初始缺陷,且由于长期疲劳引起断裂。

图4-16　过山车地脚螺栓断裂

15. 陕西某六环过山车压杠失效,定期检验不合格

2021年9月,中国特种设备检测研究院在对河北某制造单位制造、安装于陕西省某游乐园内的一辆六环过山车进行定期检验时,通过油缸锁紧独立检查发现共计8处(共24处)锁紧油缸完全失效,6个油缸存在内漏现象,压杠空行程超标,如图4-17所示。由维护保养人员手动向上抬升压杠检查游动量变化来判断锁紧油缸是否失效不能有效检查出该问题,因此使用单位存在维护检修方法漏洞。

16. 山东某五环过山车锁紧油缸断裂

2021年11月3日,中国特种设备检测研究院在对山东某制造单位制造、安装于山东省滕州市某游乐园内的一辆五环过山车进行定期检验时,发现锁紧装置的闭式油缸支杆断裂,如图4-18所示。初步分析认为油缸支杆螺纹段加工时由于退刀处理不当存在初始缺陷,导致使用中产生了疲劳断裂。

图 4-17　单侧油缸失效

17. 广东某"家庭滑车"安全距离不足

2021 年 10 月，中国特种设备检测研究院在对中山某制造单位制造、安装于广东省广州市增城区某游乐园内的一辆"家庭滑车"进行检验时，发现该设备存在安全距离不足的问题，如图 4-19 所示。这是由于制造企业未按 GB/T 18159—2019《滑行车类设施通用技术条件》的要求进行安全包络线核实造成的。

图 4-18　油缸支杆断裂部位

图 4-19　车体与轨道间安全距离不符合要求

4.2.2　矿山车检验案例

1. 福建某矿山车重要轴无加工圆角

2019 年 10 月，中国特种设备检测研究院在对广东某制造单位制造、安装于福建省某游乐园内的一辆矿山车进行定期检验时，发现行走轮轴未按照图纸加工，缺少轴肩过渡圆角，如图 4-20 所示。行走轮轴受冲击力大,承受交变载荷,无过渡圆角极易引起轴疲劳断裂。

图 4-20　重要轴未加工过渡圆角

2. 陕西某矿山车车架存在母材缺陷

2021 年 3 月,中国特种设备检测研究院在对广东某制造单位制造、安装于陕西省某游乐园内的一辆矿山车进行无损检测时,发现 1 号车所有车架主梁母材有严重的原始材料线性缺陷,经打磨后发现该缺陷贯穿整个材料厚度(见图 4-21),最后要求制造厂家返厂处理。

图 4-21　矿山车轮架开裂位置及情况

4.2.3　木质过山车检验案例

1. 安徽某木质过山车锁紧油缸失效

2015 年 6 月,中国特种设备检测研究院在对国外某制造单位制造、安装于安徽省某游乐园内的一辆木质过山车进行型式试验时,发现如下问题:

(1)检查双油缸压杠锁紧装置时,共发现 9 套闭式双油缸锁紧装置中,电磁 A 阀不能单独起到锁紧作用,如图 4-22(a)所示。经分析,由于 A 阀位于上端且注油时有少许气泡混入,气泡上浮,积聚于上端电磁阀处,导致 A 阀断电后不能锁紧。

(2)安全压杠关节销轴轴套缺失,如图 4-22(b)所示,导致 2 号车的 24 号座椅压杠可以上下轻微晃动,束缚效果不稳定。

图 4-22　木质过山车锁紧装置问题

(a) 电磁阀锁紧失效；(b) 安全压杠关节销轴轴套缺失

2. 广西某木质过山车转向架磨损

2019 年 5 月，中国特种设备检测研究院在对国外某制造单位制造、安装于广西壮族自治区某游乐园内的一辆木质过山车进行无损检测时，发现 1 号车的所有 16 个转向架存在严重磨损现象，缺陷程度：最大磨损长度为 29.2mm，最大磨损深度为 3.5mm，最大磨损宽度为 6mm，如图 4-23 所示。经现场检查发现车辆运行时，碟形弹簧片与转向架会因弹性变形引起干涉接触，致使两个零件长期处于摩擦状态。转向架的材质为 A572 GRADE 50，实测平均硬度为 152HB，碟形弹簧片外侧有加强金属圈，硬度较高，其不断伸缩往复与转向架摩擦造成损伤。

图 4-23　轮架发生磨损的位置与磨损程度

3. 江西某木质过山车压杠根部有超标缺陷

2019 年 11 月，中国特种设备检测研究院在对国外某制造单位制造、安装于江西省某游乐园内的一辆木质过山车进行无损检测时，发现 12/48 处压杠主管根部焊缝有超标缺陷，如图 4-24 所示。

4. 浙江某木质过山车轮架与轨道干涉磨损

2021 年 1 月，中国特种设备检测研究院在对国外某厂家制造、安装于浙江省某游乐园内的一辆木质过山车进行定期检验时，发现设计单位在设计时未充分考虑车体在螺旋段的运行姿态并未留出足够的变形活动空间，大部分轮架与侧面轨道上、下边缘有干涉现象，造成轮架上、下两处损伤，如图 4-25 所示。

(a)

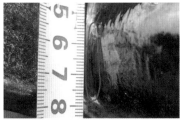

缺陷1：长度约为20mm

缺陷2：长度约为25mm

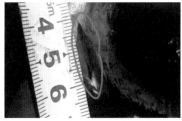
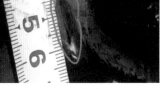

缺陷3：长度约为15mm

缺陷4：长度约为10mm

(b)

图 4-24　压杠根部存在超标缺陷

（a）缺陷位置（图中红圈处）；（b）缺陷照片

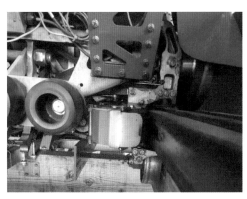

图 4-25　轮架与轨道干涉磨损

5. 天津某木质过山车轨道变形

2021年3月，中国特种设备检测研究院在对国外某制造单位制造、安装于天津市某游乐园内的一辆木质过山车进行无损检测时，对加速度测试结果指示的Y向加速度超标位置的轨道段进行了目视检查，发现此处轨道段存在轨道变形、支撑木板腐烂、螺栓松动等现象，并且发现由于轨道间距变大，造成车体受到的冲击力变大，摆动架焊缝开裂，如图4-26所示。

(a)　　　　　　　　　　　　(b)

图 4-26　木质过山车轨道变形、摆动架开裂

(a) 轨道变形；(b) 摆动架环形焊缝开裂

4.2.4　魔环过山车检验案例

1. 内蒙古某魔环过山车验收检验不合格

2017年9月，中国特种设备检测研究院在对北京某厂家制造、安装于内蒙古自治区某游乐园内的一辆魔环过山车进行验收检验时，发现如下问题：

(1) 座椅靠背发泡材料有裂痕，去除发泡材料后发现座椅靠背预埋金属板断裂，座椅靠背部分有随时脱落的风险，如图4-27所示；

(2) 传感器报错，列车发出后无法正常返回。

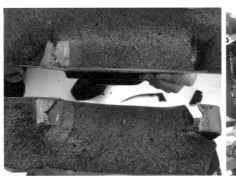

图 4-27　座椅断裂处及断口情况

2. 内蒙古某魔环过山车验收检验不合格

2018年5月，中国特种设备检测研究院在对北京某厂家制造、安装于内蒙古自治区某游乐园内的一辆魔环过山车进行验收检验时，在满载运行后发现6处车体焊缝有严重的开裂现象，如图4-28所示。提升装置异常，提升过程经常发生提升钩无法正常脱钩的情况。

3. 山西某魔环过山车提升钩止逆销开裂断裂

2020 年 5 月,中国特种设备检测研究院在对北京某厂家制造、安装于山西省某游乐园内的一辆魔环过山车进行验收检验时,发现该设备存在提升钩止逆销开裂的问题,如图 4-29 所示。该规格型号的魔环过山车在全国共计投入使用 8 台,除本次发现开裂问题外,浙江省某乐园内该型号的魔环过山车也曾发生过提升钩止逆销断裂问题。

图 4-28　车架开裂　　　　　　　　　图 4-29　断裂的提升钩止逆销

4.2.5　悬挂过山车检验案例

1. 贵州某悬挂过山车压杠座开裂

2015 年 4 月,中国特种设备检测研究院在对广东某制造单位制造、安装于贵州省某游乐园内的一辆悬挂过山车进行定期检验时,发现使用单位库房堆积大量切割下来的压杠支架部件,经沟通得知,压杠座曾多次发生开裂现象。在未搞清楚原因的情况下,使用单位仅进行了更换。检验人员立即对现场进行了排查,发现更换后的压杠座仍有大量裂纹,如图 4-30 所示,最后经制造企业排查和分析计算后认为该部件失效是下侧连接螺栓松动引起的部件受力集中所致。

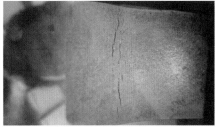

图 4-30　压杠座存在裂纹

2. 江苏某悬挂过山车轴腐蚀

2016 年 6 月,中国特种设备检测研究院在对北京某厂家制造、安装于江苏省某游乐园内的一辆悬挂过山车进行定期检验时,发现 3 件立轴、14 件侧轮轴、12 件行走轮轴、8 件半轴、4 件底轮轴有严重的电化学腐蚀现象,如图 4-31 所示。经分析,确认为润滑所使用的二硫化钼润滑剂造成硫离子与金属间产生了腐蚀作用。

3. 江苏某悬挂过山车止逆装置失效

2019年6月，中国特种设备检测研究院在对广东某制造单位制造、安装于江苏省某游乐园内的一辆悬挂过山车进行定期检验时，进行止逆试验时发现车体止逆动作异常，未观察到止逆齿动作时应产生的车辆迅速止动效果。经检查，发现止逆齿已完全磨损（见图4-32），一旦发生溜车将碰撞站台制动装置，造成严重的人员伤亡。

图4-31 轴发生电化学腐蚀　　　　　　　　图4-32 止逆齿严重磨损

4. 黑龙江某悬挂滑车自动防碰撞失效

2020年7月，中国特种设备检测研究院在对广州某制造单位制造、安装于黑龙江省某游乐园内的一辆悬挂滑车（见图4-33（a））进行定期检验时，发生了一起车体碰撞受损事件。进行防碰撞试验时，前4辆车体均停止在轨道各处的制动区。最后一辆车体本应受到防碰撞自动控制系统的限制停止在上一制动区，但制动刹车板并未及时闭合，导致第5辆车体通过了制动区段，与前车发生剧烈碰撞，车体受损严重，如图4-33（b）所示。

(a)　　　　　　　　　　　　　　　(b)

图4-33 悬挂滑车及损坏的车体
（a）设备整体照片；（b）发生碰撞后车体损坏情况

初步分析认为，该事件主要是由于位于制动装置前的车辆检测开关出现了故障，导致防碰撞自动控制系统失效。此外，最后一组制动器的执行气缸控制电磁阀年久失修，动作不可靠，使该组制动装置无法快速动作，从而导致车辆碰撞。车辆机械缓冲装置也未能起到保护车体的作用。

5. 宁夏某悬挂过山车锁紧装置断裂

2020 年 9 月,中国特种设备检测研究院在对北京某制造单位制造、安装于宁夏回族自治区某游乐园内的一辆悬挂过山车进行定期检验时,发现用来固定棘爪的限位块断裂,锁紧装置有失效的风险,如图 4-34 所示。

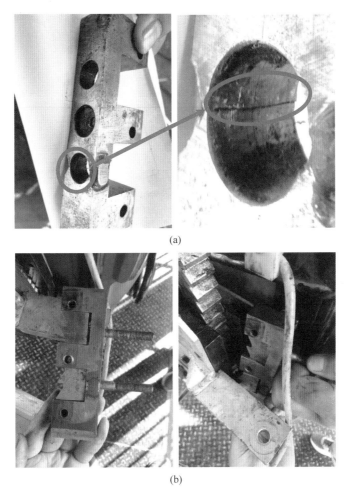

(a)

(b)

图 4-34　棘爪限位块断裂
(a) 断裂位置及断裂情况；(b) 配合示意图

4.3　自旋滑车类设备检验案例

1. 陕西某自旋滑车验收检验不合格

2015 年 2 月,中国特种设备检测研究院在对浙江某制造单位制造、安装于陕西省某游乐园内的一辆自旋滑车进行验收检验时,发现以下问题：

(1) 轨道对接焊缝存在多处超标缺陷,如图 4-35(a)所示；

(2) 运行过程中,部分驱动链条与轨枕之间、车体结构与终端减速装置之间、刹车装置与车体之间均有干涉现象；

（3）提升段停车后车体无法再次启动，提升钩脱离链条；

（4）车辆在运行过程中会发生碰撞，自动防碰撞控制系统不起作用，如图4-35（b）所示；

（5）运行中向上的安全距离不符合标准要求，如图4-35（c）所示；

（6）满载试验后，开启压杠的顶杆装置变形损坏，如图4-35（d）所示。

(a)　　　　　　　　　　(b)

(c)　　　　　　　　　　(d)

图 4-35　陕西省自旋滑车缺陷照片

（a）轨道裂纹；（b）车辆碰撞；（c）上方安全距离不足；（d）压杠开启顶杆变形

2. 贵州某自旋滑车定期检验不合格

2016年8月，中国特种设备检测研究院在对成都某制造单位制造、安装于贵州省某游乐园内的一辆自旋滑车进行定期检验时，发现如下问题：

（1）在对4号车轮架焊缝进行无损检测时发现长约10mm的缺陷共计3处，如图4-36（a）所示；

(a)　　　　　　　　　　(b)

图 4-36　贵州省自旋滑车缺陷照片

（a）轮架焊缝裂纹；（b）止逆齿间焊缝开裂

（2）提升段止逆块错位，使车辆在提升段不能可靠止逆，车辆倒溜；

（3）止逆齿间焊缝开裂，焊接质量差，止逆齿条间距过大，止逆动作距离过长，如图4-36(b)所示。

3. 河南某自旋滑车定期检验不合格

2018年8月，中国特种设备检测研究院在对江苏某制造单位制造、安装于河南省某游乐园内的一辆自旋滑车(见图4-37)进行定期检验时，发现如下问题：

（1）第四刹车段制动压力过高，造成制动时加速度过大，乘客胸腔与压杠因惯性挤压造成伤害；

（2）复位急停按钮时引起提升链条启动、所有制动装置打开，此时，如有车辆停靠在提升段或制动在刹车段，会导致车辆向前行驶，不符合标准要求。

图4-37 设备照片

4. 陕西某自旋过山车型式试验不合格

2019年6月，中国特种设备检测研究院在对山东某制造单位制造、安装于陕西省某游乐园内的一辆自旋过山车进行型式试验时，发现如下问题：

（1）在提升段停止后，设计中提升摩擦轮将作为止逆装置，试验时制动却不起作用，止逆失效，车辆倒滑，如图4-38(a)所示；

（2）安全压杠锁紧装置的固定座与车架连接采用的焊缝布置形式单薄不可靠，受力状况差，一旦断裂，4个人的压杠装置将整体脱落，如图4-38(b)所示。

 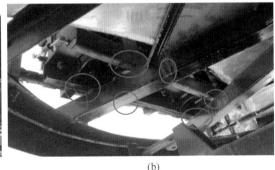

(a)   (b)

图4-38 自旋过山车型式试验不合格

(a) 提升段倒滑；(b) 焊缝型式不可靠

5. 广东某超炫过山车安全带失效

2019年11月，中国特种设备检测研究院在对广东某制造单位制造、安装于广东省某游乐园内的一辆超炫过山车进行定期检验时，发现其安全带锁舌弯曲变形，锁紧后稍微晃动就会从锁扣中松脱，部分甚至不能锁紧，如图4-39所示。

6. 江苏某自旋滑车型式试验不合格

2021年12月，中国特种设备检测研究院在对广东某制造单位制造、安装于江苏省某游乐园内的一辆自旋滑车进行型式试验时，发现新式的安全压杠锁紧装置（棘轮棘齿，见图4-40）不能可靠实现锁紧功能。该锁紧装置通过电动推杆拉动钢丝绳打开、气弹簧复位锁紧，经安全分析，其中任一辅助装置失效（如拨片转轴卡滞、螺栓防松失效、复位气弹簧失效等），都有可能造成压杠意外打开。设计制造单位在风险分析中考虑到了该风险，但是后续的防范措施并未有效落实，另外使用维护说明书中对该装置的自检要求也不够具体。

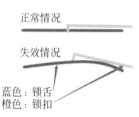

正常情况

失效情况

蓝色：锁舌
橙色：锁扣

图4-39　安全带不能可靠锁紧　　　　　图4-40　设备锁紧机构

7. 重庆某超炫过山车无法返回站台

2020年4月，中国特种设备检测研究院在对广东某制造单位制造、安装于重庆市某游乐园内的一辆超炫过山车进行定期检验时，发现1号、3号车在防碰撞测试时无法返回站台，卡滞在轨道上，如图4-41所示。

图4-41　现场车体卡滞及救援情况

8. 浙江某列车式自旋滑车驱动摩擦片开裂

2019年1月，浙江省特种设备科学研究院在对广东某制造单位制造、安装于浙江省温州市某游乐园内的一辆"列车式自旋滑车"进行定期检验时，发现该设备的驱动摩擦片存在补焊现象,经询问和检查维修记录,得知曾因摩擦片在该部位发生裂纹而进行过补焊,如图 4-42 所示。经分析,车辆的驱动摩擦片通过驱动制动轮时存在的横向摆动,导致了驱动摩擦片在固定螺孔附近开裂。

图 4-42　列车式自旋滑车的驱动摩擦片开裂

9. 浙江某"松林飞鼠"定期检验不合格

2017 年 12 月,浙江省特种设备科学研究院在对广东某制造单位制造、安装于浙江省台州市某游乐园内的一台"松林飞鼠"设备进行定期检验时,在设备运行时轨道立柱存在异常晃动现象,检查发现立柱根部存在严重锈蚀情况,如图 4-43(a)所示。此外,4 号车在提升段进行止逆试验时,止逆钩卡滞,挂接失效,出现倒滑现象,如图 4-43(b)所示。

(a)　　　　　　　　　　　　　(b)

图 4-43　"松林飞鼠"定期检验问题

(a)立柱严重锈蚀；(b)止逆钩失效

10. 新疆某"丛林飞鼠"定期检验不合格

2021 年 5 月 12 日,新疆维吾尔自治区特种设备检验研究院在对某制造单位 2017 年制造、安装于乌鲁木齐某公园内的"丛林飞鼠"设备进行定期检验时,发现如下问题:

(1)4 辆车车架预埋件焊缝全部开裂,如图 4-44(c)所示；

(2)4 辆车 4mm 厚底板母材开裂,如图 4-44(d)所示；

(3)车体玻璃钢表面开裂,如图 4-44(c)所示。

图 4-44　车体预埋件开裂、玻璃钢开裂
（a）设备照片；（b）缺陷位置；（c）玻璃钢、预埋件开裂；（d）底板母材开裂

11. 江苏某"丛林飞鼠"验收检验不合格

2021 年 3 月，江苏省特种设备安全监督检验研究院监检组对某公园的一台"丛林飞鼠"设备进行验收检验，在进行无损检测工作时，发现如下问题：

（1）打磨后的车轮组件焊接质量较差，成形不够美观，有多处气孔，如图 4-45（a）所示；

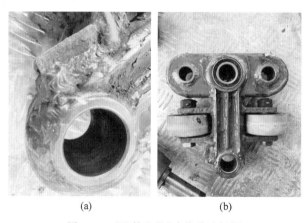

图 4-45　"丛林飞鼠"验收检验问题
（a）车轮组件焊接质量较差；（b）车轮组件焊缝分布密集，不利于施焊

（2）从设计的角度看，焊缝分布较为密集，不利于焊工施焊，如图4-45（b）所示；

（3）使用碱性焊条进行焊接，焊工操作手法较差，焊接工艺需要调整。

4.4 激流勇进类设备检验案例

1. 陕西某激流勇进设备验收检验不合格

2015年3月，中国特种设备检测研究院在对浙江某制造单位制造、安装于陕西省某游乐园内的一台激流勇进设备进行验收检验时，发现如下问题：

（1）设备设置在高压架空输配电线路下方，如图4-46（a）所示；

（2）在设备下冲段底部速度最快的地方，防止船体冲出水道的安全防护栏与设备的安全距离不足，如图4-46（b）所示；

 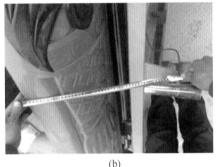

(a)　　　　　　　　　　　　　(b)

图4-46　陕西省激流勇进缺陷照片

（a）设备安装在高压线路下方；（b）安全距离不足

（3）水道未设置最高水位限位装置，水位较高时，船舱入水瞬间水阻力产生的加速度过大，存在前后乘客相互碰撞及前方乘客与座舱前沿碰撞受伤的安全隐患。

2. 福建某激流勇进设备轮轴焊缝开裂

2016年1月，中国特种设备检测研究院在对河北某制造单位制造、安装于福建省某游乐园内的一台激流勇进设备进行定期检验时，发现行走轮轴3件/4件倒角处、侧轮轴4件/4件防脱挡板焊接处出现裂纹，最大裂纹长度分别为8mm、25mm，如图4-47所示。

3. 江西某激流勇进设备绝缘不足

2016年7月，中国特种设备检测研究院在对广东某制造单位制造、安装于江西省某游乐园内的一台激流勇进设备进行定期检验时，发现瀑布泵的电机防水性能选择不合理，绝缘值严重超标，并发现瀑布泵取出后已严重锈蚀，如图4-48所示。

4. 广西某激流勇进设备提升皮带老化磨损

2018年3月，广西壮族自治区特种设备检验研究院在对安装于广西壮族自治区某市的一台激流勇进设备进行检验时，发现提升皮带老化、破损，如图4-49所示。

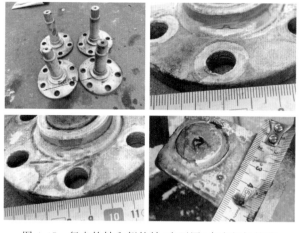

图 4-47　行走轮轴和侧轮轴(右下图)存在超标缺陷

图 4-48　瀑布泵锈蚀严重

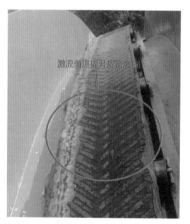

图 4-49　提升皮带破损

5. 广西某激流勇进设备型式试验不通过

2019 年 9 月 24 日,中国特种设备检测研究院在对广西某制造单位制造、安装于广西壮族自治区某游乐园内的一台激流勇进设备进行型式试验,载荷试验后进行无损检测抽查时,发现棘轮、棘爪齿面有贯穿性裂纹缺陷,如图 4-50 所示。经过扩大检测数量发现缺陷率为 100%,一旦该棘轮或棘爪断裂,乘客有被甩出的危险。

图 4-50　棘齿裂纹情况

6. 重庆某激流勇进设备存在危险突出物

2020 年 6 月,中国特种设备检测研究院在对广州某制造单位制造、安装于重庆某游乐园内的一台激流勇进设备进行型式试验时,发现乘客可触及之处有尖锐的危险突出物(见图 4-51),并且在站台与船体之间,人的肢体有被挤压的风险。

7. 广东某激流勇进设备止逆装置和防碰撞装置失效

2021 年 4 月,广东省特种设备检测研究院在对某海滨公园游乐场的一台激流勇进设备进行定期检验时,发现存在止逆装置断裂和防碰撞自动控制装置失效的安全隐患,如图 4-52 所示。

检验人员现场对两个提升段的所有(15 个)止逆装置进行了检查,发现其中 3 处出现锈穿断裂现象,而这 3 处断裂都是在提升段底部。此外,对所有位置的控制感应开关进行了试验检查,发现其中 2 处感应开关已损

图 4-51　激流勇进存在尖锐突出物

坏失效,信号线也已脱落,导致区段防碰自动控制系统无效。维护保养人员虽然知道以上问题,但并未及时进行维修,而是屏蔽自动检测系统,切换至维护模式进行运营,安全隐患极大。

图 4-52　激流勇进止逆装置和防碰撞装置失效

(a) 损坏的止逆装置; (b) 损坏的位置检测用传感器

8. 江西某激流勇进设备提升皮带严重破损

2021 年 6 月,中国特种设备检测研究院在对广东某制造单位制造、安装于江西省某游乐园内的一台激流勇进设备进行定期检验时,发现提升皮带(同时也是止逆系统的一部分)有多处破损(见图 4-53),部分断裂宽度接近总宽度的 50%,一旦运行时断裂,船体会发生倒滑造成人员甩出或与水道内的其他船体发生碰撞。

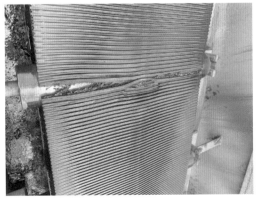

图 4-53　断裂的提升皮带

9. 湖北某激流勇进设备定期检验不合格

2021年7月，中国特种设备检测研究院在对广州某制造单位制造、安装于湖北省某游乐园内的一台激流勇进设备进行定期检验时，发现如下问题：

(1) 重要零部件间开口销使用不规范；

(2) 防止车辆逆行的装置失效，如图4-54(a)所示；

(3) 满载船只在提升段无法重新提升；

(4) 气动系统有漏气现象；

(5) 防止相互碰撞的自动控制装置失效，如图4-54(b)所示。

 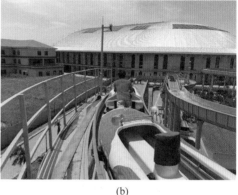

(a)   (b)

图4-54　激流勇进部分缺陷照片

(a) 止逆系统失效；(b) 船体发生碰撞

10. 上海某激流勇进设备维护保养质量差

2021年12月，上海市特种设备监督检验技术研究院在对本市某游乐园内一经过大修评估的激流勇进设备进行验收检验时，发现多处问题。

由于国家相关法律法规目前并未规定设备进行大修评估的限定条件（诸如次数、年限等），该设备自20世纪80年代投入使用后，在21世纪前20年时间内已进行多次大修。检验过程中，检验人员在现场发现疏散救援平台的支撑梁锈蚀严重、设备上客等候区遮雨棚的支撑立柱连接部位出现严重锈蚀、主控柜内电线烧蚀老化等多处问题，如图4-55所示。

(a)   (b)   (c)

图4-55　激流勇进维护保养质量差

(a) 疏散平台支撑梁锈蚀；(b) 遮雨棚立柱锈蚀；(c) 电线烧蚀老化

4.5　其他滑行类设备检验案例

1. 上海某摩托过山车弹射钢丝绳断丝超标

2015 年 4 月,中国特种设备检测研究院在对国外某制造单位制造、安装于上海某游乐园内的一辆摩托过山车进行定期检验时,发现弹射钢丝绳多处断丝、锈蚀严重(见图 4-56),不符合标准、维护手册中关于钢丝绳的更换及安全使用要求。

(a)　　　　　　　　　　　　　　　　　(b)

图 4-56　弹射钢丝绳多处断丝、锈蚀

(a) 设备照片;(b) 钢丝绳断丝

2. 安徽某电磁发射过山车速度传感器电磁干扰

2016 年 6 月,中国特种设备检测研究院在对国外某厂家制造、安装于安徽省某游乐园内的一辆电磁发射过山车进行检验时,发现准备发射时由于速度传感器动作异常,系统自动启动急停功能使设备无法发射。

经分析,这是由于 LSM 电磁驱动块在发射时产生强磁场,速度检测传感器等电位接地施工质量差,临时将所有接地线固定于轨道下部的配线盒外壳上。配线盒外壳接地端连接由于设备发射时的振动影响而断开,导致速度检测传感器由于未有效进行等电位接地,其残留电荷使速度传感器输出错误信号,导致控制系统自动切断了设备发射。电磁发射系统与传感器接地情况如图 4-57 所示。

图 4-57　电磁发射系统与传感器接地情况

最后制造企业对速度传感器重新进行等电位接地，并对接地装置进行重新加固，确认接地装置不再受机械振动影响，则该问题得以消除。

3.广东某机械臂过山车轨道检测不合格

2017年11月，中国特种设备检测研究院在对国外某厂家制造、安装于广东省某游乐园内的一辆机械臂过山车进行无损检测时，发现以下问题：

（1）轨道中心管进行磁粉无损检测时，发现多处连续性母材缺陷，缺陷深度达3～4mm；

（2）轨道中心管存在多余的对接焊缝。

机械臂过山车的轨道母材及焊缝存在的裂纹如图4-58所示。

图4-58 轨道母材及焊缝存在裂纹

4.广西某"滑行龙"设备车轮腐蚀

2019年11月，广西壮族自治区特种设备检验研究院在对某市的滑行龙设备进行检验时，发现其行走侧轮腐蚀严重，如图4-59所示。

图4-59 现场腐蚀的车轮

经调查，这是由于维护保养人员对设备不了解，在轨道上涂抹了黄油，设备运行过程中车轮与黄油发生作用导致了腐蚀。

5.上海某"滑行龙"设备提升段卡滞

2017年，上海某公园内的一辆"滑行龙"惯性滑车在运行试验过程中，列车启动后，沿轨道提升段运行，在离开动力提升段进入水平段时突然停下，操作人员多次尝试仍然无法使其前进和后退。

经检查发现,有一辆车的轮架发生断裂,致使整列车被卡死在轨道上,如图4-60所示。

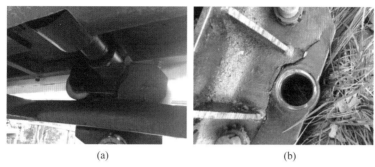

(a)   (b)

图4-60 轮架开裂导致车体阻在轨道上

(a)车体阻在轨道上;(b)轮架开裂

该设备于2014年制造,2014年10月投入使用。事发时,该设备正在进行空车试运行,第一次试运行时发现有异常声响,在做第二次试运行时即发生了卡阻情况。事发后生产厂家到现场进行处置,经分析,轮架开裂的原因系母材有缺陷,在焊接作业时,焊缝热影响区的应力集中产生的裂纹,在使用过程中逐渐扩展,最后导致轮架开裂。据生产厂家反馈,事后他们已对同批次材料、同期生产的相关设备进行了排查。

6. 广东某"果虫滑车"车架主轴磨损超标

2021年3月,广东省特种设备检测研究院在对珠海市某海滨公园的"果虫滑车"进行年度定期检验时,发现该设备所有车架主轴磨损超标。

现场对车辆进行检验时发现,该设备所有(8根)车架主轴均磨损严重,如图4-61所示。

(a)   (b)

(c)   (d)

图4-61 轮轴严重磨损

(a)设备照片;(b)主轴磨损情况;(c)另一根主轴磨损情况;(d)全部主轴磨损超标

该设备依靠惯性运动,其运动至转弯处时速度快,主轴磨损超标会导致其与行走轮松动配合,设备运行中也将产生异常晃动;若车架主轴断裂,则有可能导致车辆脱节及车厢甩出坠落。

根据现场情况分析,该设备投入使用的时间不长,车架主轴在较短的时间内出现全部磨损严重超标与产品制造质量有一定的关联,同时使用单位并未严格执行设备的日常维护保养制度,且未认真执行设备重要零部件的日常检查工作。

7. 广西某"太空漫步"设备立柱根部严重锈蚀

2020年10月,广西壮族自治区特种设备检验研究院在对某市的"太空漫步"设备进行检验时,发现设备基础部分的立柱锈蚀严重,如图4-62所示。

图 4-62　立柱根部严重锈蚀

8. 上海某儿童爬山车接地扁铁断裂致接地数值异常

2018年3月,上海市特种设备监督检验技术研究院在对某公园内的儿童爬山车进行定期检验时,发现通过仪器测得的设备接地电阻值较大,远超法规要求的数值。考虑到该设备前几年未出现过类似问题,在确认测量仪器无异常后,检验人员在现场逐段摸排接地线路是否良好,最终发现一段埋设在水泥下方的接地扁铁断裂了,致使设备接地数值异常。

出现该问题的原因在于,该公园平日环境较为潮湿,且当年降雨较多,该设备用户基于防水防湿考虑,在检验单位检验前自行在设备基础面上使用水泥浇筑挡水带,施工过程中不慎将接地扁铁弄断了。

9. 江苏某"迷你穿梭"设备车体侧翻

2020年,江苏省特种设备安全监督检验研究院定检组在对盐城市某游乐园内的"迷你穿梭"设备进行定期检验时,发现花纹板与车轮组件磨损较为严重,在车辆运行时,部分车轮有悬空迹象,在提升段按下急停开关后,车辆断电后倒溜,车体侧翻。

经现场勘察,发现存在以下问题:

(1) 花纹板与车轮磨损严重;

(2) 车辆后轮轴未安装防侧翻挂链,导致车体脱轨、侧翻,如图4-63所示。

10. 浙江某管式滑道定期检验不合格

2017年5月,中国特种设备检测研究院在对浙江某制造单位制造、安装于浙江省某景区内的一台管式滑道进行定期检验时,发现安全带存在隐患:乘客正常的乘坐姿势可能会无意打开安全带卡扣,如图4-64所示。

图 4-63　车辆脱轨、侧翻

图 4-64　乘客正常的乘坐姿势可
能会无意打开安全带
卡扣

11. 浙江某管式滑道制动装置不符合标准要求

2018 年 2 月,中国特种设备检测研究院在对浙江某制造单位制造、安装于浙江省某景区内的一台管式滑道设备进行定期检验时,发现此设备的滑车在轨道上自然停放时为非制动状态(见图 4-65),不符合标准要求。而 GB/T 18879—2008《滑道通用技术条件》滑道安全规范 6.3.3 中规定:滑车在轨道上停放时,自然处于制动状态,且滑车在除跳跃段外的任何下行滑道上不应自行下滑。

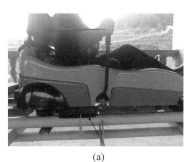
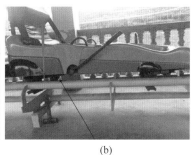

(a)　　　　　　　　　　　　　　　(b)

图 4-65　管式滑道制动装置不符合标准要求

(a) 外力作用下处于制动状态;(b) 自然状态下刹车处于非制动状态

第5章 旋转类大型游乐设施检验案例

5.1 旋转类大型游乐设施检验案例统计分析

本章对国内旋转类大型游乐设施检验案例进行统计和分析。通过案例收集,共发现旋转类游乐设施检验案例 75 个,其中,摩天轮 24 个、大摆锤 12 个、海盗船 11 个、狂呼 4 个、转马 4 个、自控飞机 2 个、陀螺类 7 个、其他种类 11 个。案例统计结果如图 5-1 所示。

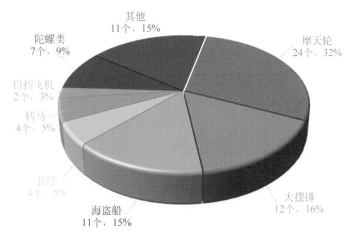

图 5-1 旋转类游乐设施案例统计结果

分析失效原因发现,焊接缺陷案例 20 个、轴缺陷案例 5 个、标准件缺陷案例 17 个(主要包括螺栓失效、齿轮磨损、电机脱落、传动链条损坏等)、安全保护装置缺陷案例 10 个(主要包括安全压杠失效、安全联锁失效等)、锈蚀案例 10 个、其他缺陷案例 13 个(主要包括安装质量问题、应急救援问题、基础沉降问题、异响、控制逻辑错误等),失效统计如图 5-2 所示。

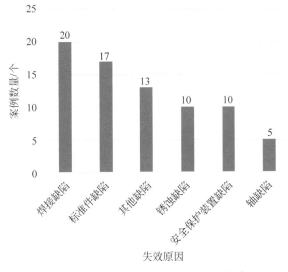

图 5-2 旋转类游乐设施失效原因统计

由统计数据可以看出,旋转类设备中摩天轮、大摆锤和海盗船发现的检验案例较多,占全部案例的 63%,同时也是近年来发生事故较多的大型游乐设施。从失效统计数据来看,安全保护装置缺陷案例、焊接缺陷案例、锈蚀缺陷案例和标准件缺陷案例占全部案例的 76％，可以看出，安全保护装置缺陷、焊接缺陷和标准件缺陷是旋转类游乐设施失效的主要原因。

旋转类设备包含的游乐设施种类多，运动形式复杂、多样，设备保有量也占很大比例，这就导致了设备缺陷的多样性。由近年的大型游乐设施事故统计可以看到，旋转类设备共发生 16 起事故，事故占比达到 47％（见图 2-1）。其中乘客束缚装置相关事故占比较大，而在旋转类案例中也发现了诸多乘客束缚装置缺陷案例，其中有安全压杠锈蚀缺陷、联锁失效缺陷等，这些缺陷在日常检查中需要格外注意。

旋转类设备中的摩天轮属于诸多大型游乐设备中高度最高的，高空坠物需要引起注意。在近年的检验中发现，使用单位私自安装广告牌、灯饰，且安装质量差，都会造成设备安全隐患。摩天轮由于其结构特点，需要大量螺栓连接，在旋转类设备中螺栓失效缺陷多次出现，因此螺栓缺陷问题也需要引起注意。

5.2 观览车类设备检验案例

5.2.1 摩天轮型检验案例

1. 辽宁某摩天轮高空坠物隐患

2017 年 7 月，中国特种设备检测研究院在对辽宁某制造单位制造、安装于辽宁省某游乐园内的一台摩天轮进行定期检验时，发现多处螺栓防松措施失效，部分螺母已缺失，装饰灯安装质量差，存在螺栓或装饰灯高空坠落的风险，如图 5-3 所示。

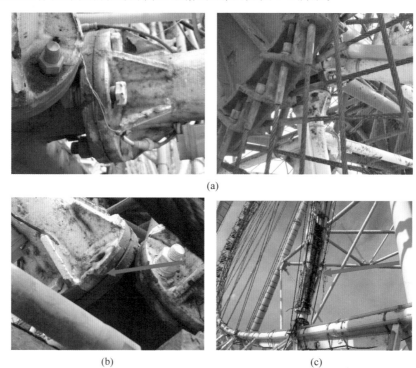

图 5-3 辽宁某摩天轮现场实际情况

（a）螺栓防松措施失效；（b）螺栓缺失；（c）装饰灯安装质量差，存在高空坠物隐患

2. 福建某摩天轮高空坠物隐患

2018 年 1 月,中国特种设备检测研究院在对浙江某制造单位制造、安装于福建省某游乐园内的一台摩天轮进行验收检验时,发现该设备灯饰部件(小型变压器)安装方式不合理,部分玻璃钢紧固螺栓松动,存在高空坠物的隐患,如图 5-4 所示。

(a)   (b)

图 5-4　福建某摩天轮现场实际情况
(a) 玻璃钢紧固螺栓松动；(b) 灯饰部件安装方式不合理

3. 重庆某摩天轮高空坠物隐患

2018 年 5 月,中国特种设备检测研究院在对辽宁某制造单位制造、安装于重庆市某游乐园内的一台摩天轮进行定期检验时,发现使用单位私自安装广告牌结构,未提供任何原制造单位的设计计算报告及图纸,安装质量差,且未设置高空防坠物装置,如图 5-5 所示。

图 5-5　摩天轮安装不牢靠广告牌结构(焊缝中均塞有钢筋)

使用单位不应私自对设备加装设计之外的附加载荷。摩天轮安装之后，出于商业或者宣传考虑，使用单位通常会在摩天轮结构上方安装照明设施或者广告设施，但是照明设施或者广告设施安装方案通常未经过任何计算确认，安装质量也未经严格控制。

4. 重庆某摩天轮螺栓断裂

2018年5月，中国特种设备检测研究院在对江苏某制造单位制造、安装于重庆市某游乐园内的一台摩天轮进行定期检验时，发现部分法兰连接螺栓断裂（见图5-6）。桁架法兰连接螺栓安装完成并运行一段时间后，由于应力作用会导致其断裂，从而造成高空坠落。

高空坠物是摩天轮的安全隐患之一，灯饰部件及紧固螺栓一旦松动脱落，在人员密集处，极易造成伤亡事故。

图5-6　摩天轮断裂螺栓的位置

5. 四川某摩天轮定期检验不合格

2017年9月，中国特种设备检测研究院在对辽宁某制造单位制造、安装于四川省某游乐园内的一台摩天轮进行定期检验时，发现如下问题：

（1）初探吊挂耳板焊缝时，发现9号吊挂耳板焊缝有两处约10mm长的裂纹，10号吊挂耳板焊缝有一处约5mm长的裂纹和一处密集性气孔，11号吊挂耳板焊缝有一处约4mm长的裂纹，12号吊挂耳板焊缝有一处约5mm长的裂纹，13号吊挂耳板焊缝有一处约4mm长的裂纹和一处密集性气孔，35号吊挂耳板焊缝有一处约3mm长的裂纹，36号吊挂耳板焊缝有一处约6mm长的裂纹，37号吊挂耳板焊缝有一处约3mm长的裂纹和一处3mm的圆形气孔，38号吊挂耳板焊缝有一处约11mm长的裂纹，其缺陷情况如图5-7所示；

（2）吊挂轴严重锈蚀，如图5-8所示。在2016年初曾有相同案例；

（3）中心轴桁架严重锈蚀，如图5-9所示；

（4）多处摩擦轮花纹板焊缝开裂。

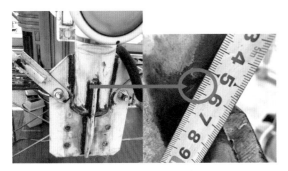
图 5-7　现场侧轮情况及吊挂耳板焊缝缺陷

图 5-8　吊挂轴锈蚀

图 5-9　中心轴桁架锈蚀

6. 江西某摩天轮座舱吊挂焊缝裂纹

2017 年 9 月,中国特种设备检测研究院对上海某制造单位制造、安装于江西省某游乐园内的一台摩天轮进行定期检验,在进行无损检测(座舱吊挂焊缝磁粉探伤)时发现多处裂纹:初探吊挂焊缝(23～30 座舱)时,发现 23 号座舱吊挂焊缝有一处约 3mm 长的裂纹和密集型缺陷,24 号座舱吊挂焊缝有一处约 9mm 长的裂纹,25 号座舱吊挂焊缝有一处约 12mm 长的裂纹,26 号座舱吊挂焊缝有一处约 6mm 长的裂纹,27 号座舱吊挂焊缝有一处约 4mm 长的裂纹,28 号座舱吊挂焊缝有一处约 4mm 长的裂纹和 3mm 的圆形缺陷;扩探至 50％时,发现 34 号座舱吊挂焊缝有一处约 3mm 长的裂纹,35 号座舱吊挂焊缝有一处约 5mm 长的裂纹和密集型气孔,1 号座舱吊挂焊缝有一处密集型气孔。摩天轮座舱吊挂焊缝裂纹如图 5-10 所示。

图 5-10　焊缝裂纹,长度分别为 10mm、12mm

7. 四川某摩天轮定期检验不合格

2017年9月，中国特种设备检测研究院对广东某制造单位制造、安装于四川省某游乐园内的一台摩天轮进行定期检验，对座舱撑杆下端吊挂焊缝进行磁粉探伤：初探20％时，发现在26号座舱有一处长约17mm的裂纹，打磨后发现是假焊（见图5-11）；使用单位私自安装设备装饰照明，装饰照明电源取自设备动力电源，且在安装完成使用过程中，发生过几次跳闸现象（见图5-12）。

图 5-11　撑杆下端吊挂焊缝缺陷

(a) (b)

图 5-12　使用单位私自安装电器元件后的配电柜
(a) 空调电路；(b) 装饰照明电路

8. 浙江某摩天轮定期检验不合格

2018年6月，中国特种设备检测研究院在对辽宁某制造单位制造、安装于浙江省某游乐园内的一台摩天轮进行定期检验时，发现如下问题：

（1）吊厢吊挂耳板焊缝经过磁粉探伤发现不同程度的超标缺陷（裂纹），约占总数的80％，最大裂纹长度约45mm，如图5-13所示；

（2）对滚道盘焊缝表面质量进行检查后发现焊缝及母材开裂，约占总数的80％，开裂最大长度达160mm，如图5-14所示；

（3）液压马达与驱动轮胎联轴器法兰盘均有不同程度的切割痕迹，如图5-15所示。

图 5-13 吊挂耳板焊缝裂纹

图 5-14 滚道盘焊缝裂纹

图 5-15 液压马达与驱动轮胎联轴器法兰盘损坏严重

9. 山西某摩天轮拉杆断裂

2018 年 7 月,中国特种设备检测研究院在对辽宁某制造单位制造、安装于山西省某游乐园内的一台摩天轮进行定期检验时,发现该设备桁架式结构大量采用的拉筋调节螺母为管、攻丝头部的环形焊接结构,且焊缝出现开裂失效(见图 5-16)。该部件失效后会使拉杆突然失去受力而从中间断开、甩开,造成高空坠物风险。造成缺陷的原因主要是焊接质量失控,调节螺母约 70% 的焊接面只有表面浮焊,不能达到拉杆的等效强度,不符合设计要求。此外,座舱较传统观览车座舱重,拉杆应力幅大。

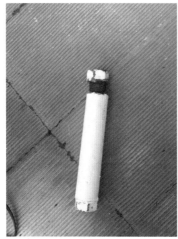 

图 5-16　拉杆裂口

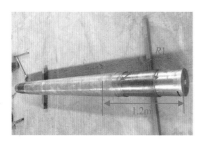

图 5-17　主轴疏松缺陷位置

10. 河南某摩天轮主轴缺陷

2018 年 8 月,中国特种设备检测研究院在对河南某制造单位制造的一台摩天轮进行厂内无损检测时,发现如下问题:

(1) 主轴超声波探伤发现超标缺陷,即在长约 1.2m 范围内出现大面积疏松缺陷,如图 5-17 所示;

(2) 主轴圆角不符合设计要求,即设计圆角半径为 3mm,实际只有 1mm,如图 5-17 所示。

11. 四川某摩天轮定期检验不合格

2018 年 12 月,中国特种设备检测研究院在对辽宁某制造单位制造、安装于四川省某游乐园内的一台摩天轮进行定期检验时,发现如下问题:

(1) 转盘上固定灯饰的支座焊接质量较差,有的焊缝已经开裂脱落,如图 5-18 所示;

(2) 转盘上灯饰线路短路引发过着火,现场转盘结构有两处明显的着火痕迹,如图 5-19 所示;

图 5-18　焊缝开裂脱落　　　　　　图 5-19　灯饰线路短路引起着火

（3）使用单位告知，该设备投入使用第一年发生过 2 次拉筋螺栓折断掉落的情况；

（4）吊舱防摆装置不起作用，如图 5-20 所示。

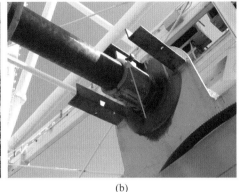

(a)   (b)

图 5-20 吊舱防摆装置

（a）防摆装置的位置；（b）防摆装置调整螺栓

12. 浙江某摩天轮主轴轴承碎裂

2019 年 1 月，中国特种设备检测研究院在对浙江某制造单位制造、安装于浙江省某游乐园内的一台摩天轮进行定期检验时，发现如下问题：

（1）摩天轮主轴轴承滚珠锈蚀严重，轴承碎裂，轴承端盖螺栓断裂，如图 5-21 所示；

图 5-21 主轴轴承碎裂、端盖螺栓断裂

（2）更换后的摩天轮主轴轴承端盖螺栓安装不规范，如图 5-22 所示；

图 5-22 主轴轴承更换不规范

（3）摩天轮运行过程中，转盘辐条有异常声响；

（4）部分驱动电动机减速器有异常声响；

（5）部分驱动轮胎螺栓脱落。

13．河北某摩天轮螺栓断裂

2019年11月，中国特种设备检测研究院在对河北某制造单位制造、安装于河北省某游乐园内的一台摩天轮进行定期检验时，发现驱动摩擦轮连接螺栓断裂，如图5-23所示。

图 5-23　断裂的螺栓

14．青海某摩天轮驱动链条断裂

2019年12月，中国特种设备检测研究院对陕西某制造单位制造、安装于青海省某游乐园内的一台摩天轮进行验收检验，在进行偏载试验时，链条驱动系统受力工况极端，链条出现跳齿，导致链条之间挤压，使链板变形，链条销轴脱落，链条断裂，如图5-24所示。

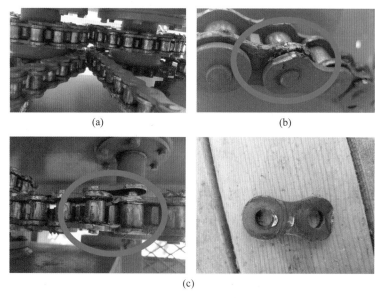

(a) (b)

(c)

图 5-24　驱动链条断裂

(a) 链条互相挤压；(b) 链条损坏；(c) 链条断裂

15．河北某摩天轮吊挂轴安装错误

2021年8月，中国特种设备检测研究院在对辽宁某制造单位制造、安装于河北省某游乐园内的一台摩天轮进行型式试验时,发现设备吊挂轴装反了,导致吊舱门打开时安全距离不够,其安装图如图5-25所示。

图 5-25　吊舱轴安装图

16. 广东某摩天轮立柱安装质量问题

2021年3月,广东省特种设备检测研究院在对惠州市某在装摩天轮进行安装验收检验时,发现设备立柱安装质量不达标,安装完成后,立柱1和立柱2对接法兰存在较大间隙,最大尺寸为7mm,如图5-26所示。

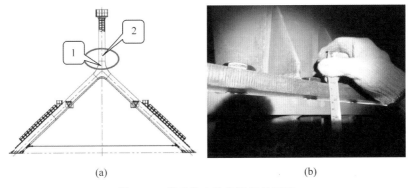

(a)　　　　　　　　　　　　　　(b)

图 5-26　摩天轮立柱安装质量问题
(a) 存在问题的法兰位置;(b) 法兰连接间隙测量(7mm)

摩天轮立柱对设备整体起支撑作用,其安装质量尤为重要。从现场检验发现,该立柱法兰存在较大间隙,法兰接触面无法密封贴合提供有效摩擦,这会导致连接螺栓存在承受非设计载荷应力的风险。并且,安装单位未按设计要求安装设备,若相关钢结构发生失效,有可能发生立柱倾斜甚至倾倒,造成重大人员伤亡。

17. 四川某高空观览车跨接线断裂、高强度螺栓锈蚀严重

2017年5月,四川省特种设备检验研究院对某游乐园内的高空观览车进行定期检验,在爬到转盘中心水平轴位置检查时,发现转盘支承连接杆法兰的连接跨接线有多处腐蚀断裂;抽检转盘中心轴法兰连接高强度螺栓72颗,发现4颗锈蚀,其中一颗锈蚀严重,如图5-27所示。

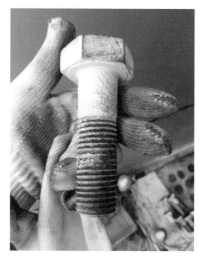

图 5-27　锈蚀的螺栓

18. 江苏某摩天轮传动十字万向节磨损严重、电动机线路老化严重

2021 年 11 月,江苏省特种设备安全监督检验研究院对陕西某制造单位制造、安装于江苏省淮安市某游乐场内的一台摩天轮进行定期检验,在摩天轮运行过程中发现其传动系统有异响,检查发现传动十字万向节有破损及严重磨损现象,且电动机线路老化严重,分别如图 5-28 和图 5-29 所示。

图 5-28　摩天轮传动十字万向节磨损

19. 新疆某摩天轮立柱内积水锈蚀

2017 年 11 月 8 日,新疆维吾尔自治区特种设备检验研究院在对新疆某制造单位 2013 年制造、安装于新疆维吾尔自治区某游乐场内的一台摩天轮进行定期检验时,发现一立柱内有大量积水,立柱根部与基础连接法兰处锈蚀(见图 5-30),用敲击听声法判断积水有 1m 多,通过钻孔放水,放出 15kg 左右的积水。

图 5-29 摩天轮电动机线路老化开裂

图 5-30 锈蚀的立柱

20. 江苏某摩天轮座舱底部支撑件锈蚀

江苏省特种设备安全监督检验研究院在对江苏省某游乐园内的摩天轮定期检验时,发现座舱底部金属支撑件锈蚀严重,甚至有锈烂现象(见图 5-31),起不到有效支撑作用。

图 5-31 锈蚀部位

造成锈蚀的主要原因有：

（1）气候潮湿，未做好防锈处理工作；

（2）隐蔽区域，日常检查不到位，长时间不检查，发现不了锈蚀问题。

图 5-32　现场拍摄的焊缝

21. 上海某摩天轮焊缝质量差

2021 年 12 月，上海市特种设备监督检验技术研究院在对某网红酒店所属游乐区内一台新装的摩天轮进行验收检验时，现场发现其两侧轮辐与中间座舱外伸梁焊接处的焊缝质量较差，焊缝周边及焊缝本体表面已发生锈蚀，如图 5-32 所示。

不同于一般的摩天轮采用螺栓组固定等方式，该设备采用了将两侧轮辐与中间座舱外伸梁焊接固定的方式，此处焊接具有对中间座舱外伸梁定位固定、加固强度的作用。检验人员询问制造厂工作人员后得知，该组环焊缝为现场作业。

22. 浙江某摩天轮驱动摩擦轮和摩擦轨道未接触

2021 年 9 月，浙江省特种设备科学研究院对宁波市某景区内的摩天轮进行定期检验，空载试运行过程中，检查设备驱动轮胎与驱动轨面贴合状况时，发现本来应该均匀贴合在驱动轨道面上的下驱动轮胎脱离了轨道，未与轨道贴合，如图 5-33 所示。

图 5-33　摩天轮驱动摩擦轮和摩擦轨道未接触

该设备为江苏某单位于 2019 年制造、2020 年安装，使用期为 1 年。驱动轮依靠弹簧力使上、下两个驱动轮胎均匀地贴靠在驱动轨道上，进行驱动传动。经检查，发现轮胎压紧弹簧锁紧螺母松动、压紧力不足，且上驱动轮胎漏气，导致下轮胎脱离了驱动轨道面，则驱动轮的摩擦力减弱，极易造成溜车现象。使用单位应加强对此类摩天轮驱动轮弹簧的压紧力检查，必要时进行载荷试验。

23. 浙江某观览车吊舱吊挂轴存在焊接裂纹、螺栓腐蚀

2019 年 1 月，浙江省特种设备科学研究院在对浙江某制造单位制造、安装于衢州市某游乐园内的一台观览车进行定期检验时，发现该观览车存在多个吊舱吊挂轴焊接部位存在裂纹和吊舱连接管底部连接螺栓腐蚀等现象，如图 5-34 所示。

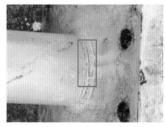  

图 5-34 观览车吊舱吊挂轴的焊接裂纹及腐蚀螺栓

24. 浙江某 30m 摩天轮转盘桁架变形

2018 年 10 月,浙江省特种设备科学研究院在对江苏某制造单位制造、安装于宁波市某游乐园内的一台 30m 摩天轮进行定期检验时,发现该设备转盘桁架变形,变形处伴有明显的锈蚀现象,如图 5-35 所示。对锈蚀部位进行磁粉检测并未发现缺陷。经分析交流,该摩天轮在台风天时,维护保养人员曾用绳子固定转盘桁架,由于风力过大,绳子固定处的桁架位置被拉变形了。

图 5-35 30m 摩天轮转盘桁架变形

5.2.2 摆锤型检验案例

1. 河南某大摆锤齿轮啮合异常

2017 年 3 月,中国特种设备检测研究院在对山东某制造单位制造、安装于河南省某游乐园内的一台大摆锤进行定期检验时,发现如下问题:

(1)摆动电动机对应齿轮啮合异常;

(2)旋转电动机传动部分有异常声响;

(3)压杠销轴开口销脱落,如图 5-36 所示。

2. 河南某海盗船定期检验不合格

2017 年 6 月,中国特种设备检测研究院在对辽宁某制造单位制造、安装于河南省某游乐园内的一台海盗船进行定期检验时,发现如下问题:

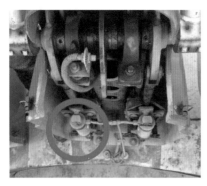

图 5-36　压杠锁紧销轴开口销脱落

（1）安全压杠开启后与扶手干涉，可能导致夹手，如图 5-37 所示；

（2）座椅玻璃钢破损；

（3）靠站台侧座椅乘客脚部与站台之间的安全距离不足，如图 5-38 所示；

（4）摆角限位开关失效。

图 5-37　安全压杠夹手　　　　　　　　　图 5-38　脚部安全距离不足

3. 天津某海盗船座椅支架锈蚀

2017 年 7 月，中国特种设备检测研究院在对北京某制造单位制造、安装于天津市某游乐园内的一台海盗船进行定期检验时，发现设备座椅支架、气缸支架锈蚀严重，分别如图 5-39 和图 5-40 所示。

图 5-39　座椅支架锈蚀严重　　　　　　　图 5-40　气缸支架锈蚀严重

4. 广西某海盗船主要受力部件锈蚀（摆锤）

2017 年 8 月，广西壮族自治区特种设备检验研究院在对某市海盗船进行检验时，发现该设备大臂、大臂与船体骨架连接处的金属结构锈蚀严重，具体情况如图 5-41 所示。

图 5-41　海盗船主要受力部件锈蚀

5. 北京某大摆锤压杠焊缝裂纹

2017 年 8 月，中国特种设备检测研究院在对浙江某制造单位制造、安装于北京市某游乐园内的一台大摆锤进行定期检验时，发现该设备压杠根部焊缝存在裂纹缺陷。无损检测初探 20％时，在 3 号座椅压杠根部焊缝处发现一条长约 23mm 的裂纹（见图 5-42）；扩探 50％时，发现在 18 号座椅压杠根部焊缝处有一条长约 7mm 的裂纹（见图 5-43）、19 号座椅压杠根部焊缝处有一条长约 10mm 的裂纹。

图 5-42　压杠 23mm 裂纹　　　　　图 5-43　压杠 7mm 裂纹

6. 湖北某大摆锤小臂裂纹

2017 年 8 月，中国特种设备检测研究院在对湖北某制造单位制造的一台大摆锤进行厂内委托无损检测时，发现如下问题：

（1）齿条和轴的硬度不符合设计要求；

（2）小支臂（4 号）上存在裂纹，打磨后长为 5cm，深度为 3mm，如图 5-44 所示。

图 5-44　小支臂（4 号）上存在裂纹

7. 北京某大摆锤焊缝裂纹

2017 年 9 月，中国特种设备检测研究院在对德国某制造单位制造、安装于北京市某游乐园内的大摆锤进行定期检验时，在无损检测时发现摆臂上吊挂焊缝（设备西侧）处有一条长约 6mm 的裂纹，如图 5-45 所示。

图 5-45　大摆锤摆臂上吊挂焊缝

8. 广东某大摆锤型式试验不合格

2017 年 9 月，中国特种设备检测研究院在对广东某制造单位制造的一台大摆锤进行厂内型式试验时，发现如下问题：

（1）动力输出齿轮与大臂回转支承干涉，如图 5-46 所示；

（2）压杠根部受力部位打孔，与设计不一致，如图 5-47 所示；

（3）压杠棘齿齿条锁紧机构锁紧状态动作异常；

（4）驱动电动机减速机与顶部平台的连接螺栓松动，如图 5-48 所示。

图 5-46　齿轮与回转支承干涉

图 5-47　压杠根部打孔

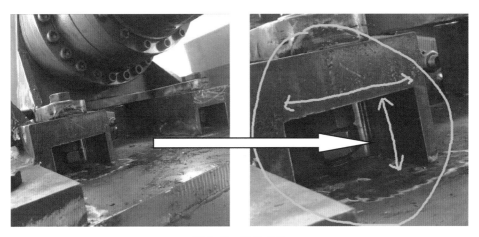
图 5-48　螺栓松动

9. 广东某大摆锤定期检验不合格

2018 年 1 月,中国特种设备检测研究院在对上海某制造单位制造、安装于广东省某游乐园内的一台大摆锤进行定期检验时,发现如下问题:

(1) 座椅压杠臂根部存在多处焊缝裂纹,如图 5-49 所示;

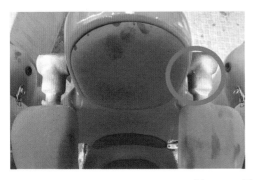

图 5-49　压杠焊缝裂纹

(2) 座椅表面玻璃钢有多处破损,如图 5-50 所示;

(3) 9、17、26 号座椅底部的连接螺栓缺失,图 5-51 所示。

图 5-50　玻璃钢破损

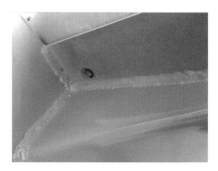

图 5-51　连接螺栓缺失

图 5-52　Discovery 30 Revolution 照片

10. 江苏某大摆锤型式试验不合格

2017 年 9 月，中国特种设备检测研究院在对意大利某制造单位制造、安装于江苏省某游乐园内的一台大摆锤"Discovery 30 Revolution"（见图 5-52）进行型式试验与验收检验时，发现如下问题：

（1）大摆锤在运行过程中换向时存在异常撞击声响；

（2）电动机满载电流大于额定电流；

（3）设备在重新调试后，进行现场复检时在偏载运行过程中运行模式发生异常，控制程序紊乱。

11. 山西某大摆锤安全装置缺陷

2018 年 3 月，中国特种设备检测研究院在对辽宁某制造单位制造、安装于山西省某游乐园内的一台大摆锤进行定期检验时，发现如下问题：

（1）安全压杠空行程较大，其端部距离座椅面 400mm 距离时，安全压杠联锁指示灯亮，显示可以启动设备，如图 5-53 所示。

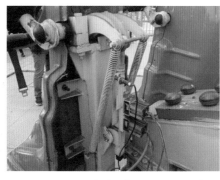

图 5-53　安全压杠联锁指示灯亮时压杠与座椅面间的距离

（2）安全压杠采用棘爪齿条锁紧，棘爪采用气缸打开，控制气缸气路通断的是电磁阀。设备运行前，电磁阀关闭，压杠锁紧，带有压力的气路断开；设备运行过程中，电磁阀一直关闭,带有压力的气路也处于断开状态,棘爪齿条处于锁紧状态;设备运行结束后,电磁阀打开,接通带有压力的气路,则气缸打开,压杠打开。目前存在的问题是:在设备运行中,气路带有一定的压力,如果因电磁阀误动作或机械卡死等导致气路接通后,气缸也会被打开,压杠也会随着棘爪的打开而打开,因此存在乘客可能被甩出座椅的风险。

12. 湖南某大摆锤压杠锁紧不符合要求

2018 年 10 月,中国特种设备检测研究院在对山东某制造单位制造、安装于湖南省某游乐园内的一台大摆锤进行验收检验时,发现钢丝绳不在正常的工作位置,压杠下压未到指定位置时已经拉动行程开关动作,反馈回错误的信号,如图 5-54 所示。

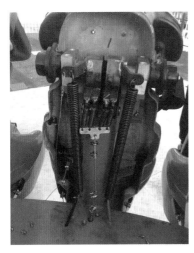

图 5-54　钢丝绳不在正常位置,行程开关动作时压杠的位置

13. 上海某大摆锤压杠联锁失效

2020 年 10 月,中国特种设备检测研究院在对浙江某制造单位制造、安装于上海市某游乐园内的一台大摆锤进行定期检验时,发现如下问题:

(1)压杠位置检测微动开关维护保养、使用过程中短路或者微动开关位置调整不当,且未及时处理,导致压杠在未压下锁好的情况下控制系统判断为满足运行条件,安全联锁失效;

(2)转盘压杠位置检测显示面板上部分屏蔽插孔插有屏蔽安全联锁的屏蔽销(见图 5-55),安全管理方面存在重大安全风险。

图 5-55　转盘压杠位置检测显示面板显示情况

14. 广东某海盗船上吊架焊缝开裂(摆锤型)

2021年1月,广东省特种设备检测研究院在对深圳市某公园内的一台大型游乐设施"24座海盗船"进行定期检验时,发现其存在吊架焊缝开裂现象。

现场发现设备的吊架上端连接套焊缝开裂,裂纹长度达140mm,裂纹已向母材扩展,开裂长度接近总截面的50%,如图5-56所示。

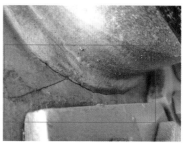

图5-56 吊架焊缝裂纹

吊挂焊缝失效有可能导致安全事故。垂直焊缝在交变应力作用下,有应力集中点的位置必然产生疲劳,其强度也随之降低,在交变载荷作用下,会产生疲劳断裂,而断裂会使整个船体失去吊挂从而坠落,对乘客造成伤害,从而引发事故。

15. 新疆某海盗船验收检验不合格

2020年6月,新疆维吾尔自治区特种设备检验研究院在对河南某制造单位制造、安装于新疆维吾尔自治区某游乐园内的海盗船设备进行验收检验时,发现如下问题:

(1) 立柱支腿与基础预埋板连接焊缝及筋板焊缝焊接质量差,如图5-57(a)所示;

(2) 吊挂连接架所用材料尺寸与型式试验及图纸不一致(图纸标注该方管尺寸为100mm×50mm×4mm,现场实际尺寸为60mm×40mm×2mm),如图5-57(b)所示;

(a)   (b)

图5-57 海盗船设备问题
(a) 现场焊接情况;(b) 材料厚度不符合设计

(3) 机架1现场实物与图纸不一致(图纸上二次保护吊挂位置处为整圆环,现场实物为半圆环),吊挂连接架与机架1在运行中摩擦严重(现场有较多铁屑)。

16. 新疆某海盗船焊缝质量差、有裂纹

2021年6月,新疆维吾尔自治区特种设备检验研究院在对河南某制造单位制造、安装于新疆维吾尔自治区某公园内的海盗船进行验收检验时,发现焊缝焊接质量差,有严重的咬边、漏焊、气孔、裂纹,立柱上部与横梁连接焊缝有长度100mm的裂纹,所有连接焊缝均有切割后重新焊接的痕迹,如图5-58所示。该设备出厂检验探伤报告中所有焊缝的检验结论均为合格。

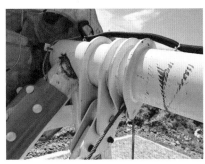

图 5-58　海盗船焊缝质量差、有裂纹

17. 新疆某海盗船立柱母材开裂

2021年5月,新疆维吾尔自治区特种设备检验研究院在对河南某制造单位制造、安装于乌鲁木齐市某公园内的海盗船进行验收检验时,发现立柱母材上部有贯穿性横向裂纹,该裂纹属于母材原有的缺陷,垂直于裂纹有一道筋板,筋板焊缝两边各有50mm的裂纹,总长度120mm(见图5-59),制造单位出厂探伤时未发现。

图 5-59　海盗船立柱母材开裂

18. 黑龙江某大摆锤定期检验不合格

2021年4月,黑龙江省特种设备检验研究院在对安装在哈尔滨市阿城区某公园内的大摆锤进行定期检验时,发现如下缺陷与问题:

(1) 安全压杠固定螺栓与原设备不符,存在脱出风险;

(2) 一条安全带连接失效,采用绳系的方式连接;

(3) 设备出口挂锁生锈,怀疑长期未打开,始终用一个门同时进出乘客;

(4) 多个连接固定螺栓锈蚀严重;

(5) 安全压杠连接焊缝锈蚀严重;

(6) 有玻璃钢存在裂纹和破损。

部分缺陷情况如图5-60所示。

图 5-60　大摆锤设备缺陷

19. 四川某"挑战者之旅"主要焊缝有裂纹

2017 年 5 月,四川省特种设备检验研究院在对浙江某制造单位制造、安装于四川省某游乐园内的一台"挑战者之旅"大型游乐设施进行定期检验时,发现座舱 4 号臂与座舱连接处的焊缝存在 20mm 的裂纹,如图 5-61 所示。

图 5-61　4 号臂焊缝缺陷

20. 浙江某大摆锤联轴器弹性缓冲垫断裂

2021 年 11 月,浙江省特种设备科学研究院在对上海某制造单位制造、安装于金华市某公园内的大摆锤进行定期检验时,发现驱动电动机的联轴器弹性缓冲垫均有断裂现象,且缓冲垫中间的环形圈已断裂,各瓣垫块来回窜动,如图5-62所示。

21. 江苏某海盗船吊挂耳板开裂

2018年12月,江苏省特种设备安全监督检验研究院在对广东某制造单位制造、安装于昆山市某游乐场内的一台海盗船进行定期检验时,发现该设备的吊挂耳板出现裂纹,长度达210mm有余,如图5-63所示。

图5-62　大摆锤联轴器弹性缓冲垫断裂　　　　图5-63　海盗船的吊挂耳板开裂

22. 浙江某海盗船验收检验不合格(1)

2017年7月,浙江省特种设备科学研究院在对河北某制造单位制造、安装于湖州市某游乐园内的一台海盗船进行验收检验时,目测设备船体主要受力部件之一的吊挂耳板厚度不均,经测厚仪测量发现,耳板厚度最厚处14.4mm,最薄处仅12.2mm,均不符合设计图纸中耳板的厚度要求,如图5-64所示。

图5-64　海盗船船体吊挂耳板厚度不符合设计要求

23. 浙江某海盗船验收检验不合格(2)

2019年11月,浙江省特种设备科学研究院在对河南某制造单位制造、安装于杭州市某游乐园内的一台海盗船进行验收检验时,发现该设备存在安全压杠无法锁紧、立柱安装偏差大、结构尺寸不符合要求、立柱横梁加强筋板为花纹板材代用等问题,如图5-65所示。

图 5-65　杭州市海盗船部分问题

24. 浙江某海盗船吊挂臂更换后再次发现缺陷

2017年3月，浙江省特种设备科学研究院在对广东某制造单位制造、安装于杭州市某公园内的海盗船进行定期检验时，发现吊挂臂方管开裂，开裂长度240mm，涉及两根。随后对另外两根吊挂臂进行磁粉检测，均发现多处缺陷，如图5-66所示。检验后厂家对所有吊挂臂进行了更换，如图5-67所示。

图 5-66　海盗船吊挂臂开裂（2017年）　　　　图 5-67　更换后的吊挂臂

2019年11月，定期检验时对该海盗船吊挂臂进行磁粉和渗透检测，4根吊挂臂均发现多处裂纹缺陷，如图5-68所示。

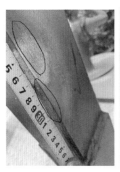

图 5-68　海盗船吊挂臂裂纹缺陷（2019年）

25. 广东某"环游世界"型式试验不通过

2020年8月，中国特种设备检测研究院在对广东某制造单位制造的一台"环游世界"大

型游乐设施进行厂内型式试验时,发现如下问题:

(1) 座舱自由摆动后没有零位限位装置,座舱下降后有和基础撞击的可能;

(2) 设备大臂抱闸为常开式,在上下乘客时有断电溜车情况,未见其他制动方式或机械限位装置;

(3) 加速度测试报告结果显示,Z 向加速度超过设计值;

(4) 伞齿为铸造件,无材质证明文件、无过程检验记录、无探伤报告,厂家热处理报告中的硬度为 40~45HRC,现场实测伞齿硬度为 19HRC 和 201HB,与设计值(230~260HB)不符,伞齿表面有密集气孔(见图 5-69),部分深达 5mm,伞齿齿面内侧部分有变形磨损;

(5) 伞齿螺栓连接比设计减少了 1/3,部分螺栓孔被焊接堵住(见图 5-70);

图 5-69 伞齿表面有密集气孔

图 5-70 部分螺栓孔被焊接堵住

(6) 立柱箱型钢结构焊接在 4 个角,都有塞钢筋现象(见图 5-71);

图 5-71 重要焊缝塞焊

(7) 焊缝表面质量不符合标准要求,有焊瘤、未熔合等缺陷;

(8) 压杠检测传感器布置与设计不一致;

(9) 个别座椅压杠打开杆打开方向装反了;

(10) 压杠端部空行程实测最大为 40mm,与设计的 17.5mm 不一致;

(11) 压杠安装板设计厚度为 18mm,实测为 8mm,与设计不一致;

(12) 棘爪硬度值(抽检实测 136HB,企业自测 15HRC)与设计(217~255HB,45~50HRC)不一致。

5.2.3 狂呼、超级飞船检验案例

1．西藏某狂呼验收检验不合格

2017年5月，中国特种设备检测研究院在对四川某制造单位制造、安装于西藏自治区某游乐园内的一台24m飞炫（狂呼）游乐设施进行验收检验时，发现如下问题：

（1）设备基础发生沉降、开裂（见图5-72）；

图5-72　基础发生沉降、开裂

（2）安全距离不够；

（3）乘客可以打开安全压杠（见图5-73）；

（4）未按设计要求安装驻车制动器；

（5）座舱扶正止动装置不可靠；

（6）电动机制动装置异常发热。

2．广西某狂呼乘人束缚锁紧装置功能失效

2016年8月，广西壮族自治区特种设备检验研究院在对某市狂呼设备进行检验时，发现乘人束缚锁紧装置的棘爪自锁功能失效，如图5-74所示。

图5-73　乘客可以打开安全压杠　　　　图5-74　广西狂呼乘人束缚锁紧装置功能失效

3. 四川某狂呼座舱臂开裂

2017 年 5 月,四川省特种设备检验研究院现场对四川某游乐园内的大型游乐设施"狂呼"进行定期检验,在进行磁粉无损检测时,发现大臂与 1 号座舱臂连接处的焊缝有 24mm 的开口型裂纹。

4. 浙江某狂呼安全压杠内部圆管锈蚀严重

2019 年 11 月,浙江省特种设备科学研究院在对西安某制造单位制造、安装于金华市某游乐园内的一台"狂呼"设备进行定期检验时,发现多个安全压杠橡胶开裂。检验人员对橡胶开裂的安全压杠进行拆卸检查,发现压杠内部圆管锈蚀严重,如图 5-75 所示。

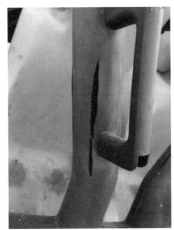

图 5-75　狂呼安全压杠内部圆管锈蚀严重

5. 浙江某"超级飞船"定期检验不合格

2017 年 6 月,中国特种设备检测研究院在对浙江某制造单位制造、安装于浙江省某游乐园内的一台"超级飞船"进行定期检验时,发现如下问题:

(1) 压杠包胶损坏,内部渗水,锈蚀严重,锈蚀量为 20%,如图 5-76 所示;

(2) 座椅气缸支架与设计不符,具体见图 5-77。

图 5-76　座椅压杠包胶内部锈蚀严重　　　　图 5-77　座椅气缸支架与设计不符

5.2.4 影院类设备检验案例

1. 湖北某动感球幕影院母材裂纹缺陷

2017 年 3 月,中国特种设备检测研究院在对广东某制造单位制造、安装于湖北省某游乐园内的一台动感球幕影院设备进行定期检验时,发现如下问题:

（1）磁粉检测卷扬机支撑座时,发现母材有不连续裂纹（见图 5-78）,分布在支撑座立面上;

图 5-78　卷扬机支撑座上的不连续裂纹

（2）该设备所有卷扬机支撑座的相同部位均有裂纹。

2. 吉林某飞行影院定期检验不合格

2017 年 5 月,中国特种设备检测研究院在对意大利某制造单位制造、安装于吉林省某游乐园内的一台飞行影院设施进行定期检验时,发现如下问题:

（1）重要焊缝及母材无损探伤有超标缺陷;

（2）安全压杠在压紧状态下空行程为 60mm,不符合标准要求。

现场对设备 3 处重要部位进行抽检探伤,分别为立柱支座焊缝、油缸支座焊缝、座舱吊挂处（见图 5-79）。

（1）对立柱支座焊缝进行无损探伤时,发现焊接缺陷两处,其中一处经打磨后消除,另外一处打磨深度达 1cm 仍未消除;

（2）在油缸支座焊缝及母材处发现裂纹缺陷,长度为 1cm,其中焊缝处裂纹缺陷经打磨后消除,母材经打磨未消除;

（3）座舱吊挂处焊缝及母材进行无损探伤时,发现母材表面存在众多龟裂纹（见图 5-80）,经打磨未消除。

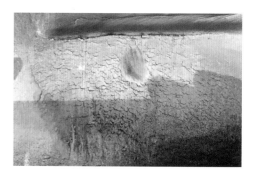

图 5-79　座舱吊挂位置　　　　　　　　图 5-80　母材表面的龟裂纹

5.3　其他旋转类设备检验案例

5.3.1　章鱼系列检验案例

1. 湖北某"魔术大草帽"压杠裂纹

2017 年 3 月,中国特种设备检测研究院在对浙江某制造单位制造、安装于湖北省某游乐园内的一台"魔术大草帽"设备进行定期检验时,发现压杠裂纹缺陷。通过对 D7 号压杠的无损检测,发现锁紧套母材有裂纹缺陷,打磨后锁紧套母材被螺纹孔贯穿,如图 5-81 所示。

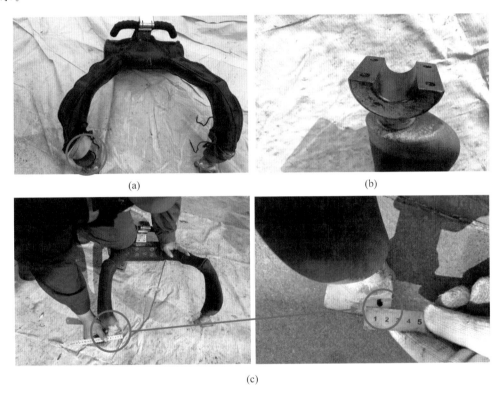

图 5-81　"魔术大草帽"压杠裂纹
(a) 缺陷位置;(b) 锁紧套螺纹孔开孔情况;(c) 打磨后发现锁紧套母材被螺纹孔贯穿缺陷

2. 四川某"墨西哥大草帽"压杠腐蚀

2018 年 11 月,中国特种设备检测研究院在对意大利某制造单位制造、安装于四川省某游乐园内的一台"墨西哥大草帽"设备进行定期检验时,发现压肩钢管螺栓孔周边焊缝及热影响区腐蚀,如图 5-82 所示。

3. 江苏某"墨西哥草帽"起升油缸与大臂连接处焊缝开裂

2017 年 2 月,江苏省特种设备安全监督检验研究院在对意大利某制造单位制造、安装于江苏省常州市某游乐场内的一台"墨西哥草帽"(章鱼系列)设备进行定期检验时,发现起升油缸与大臂连接焊缝有裂纹,裂纹最长达 4cm 左右,如图 5-83 所示。

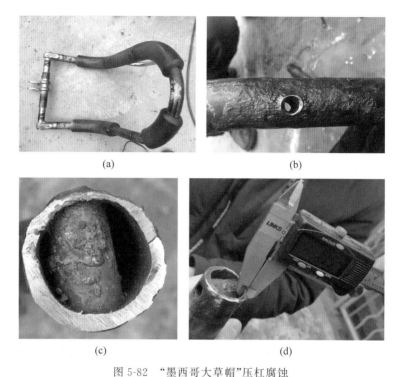

图 5-82 "墨西哥大草帽"压杠腐蚀

（a）压杠；（b）压杠安装把手孔处腐蚀情况；（c）压杠腐蚀层完全打磨后；（d）受腐蚀侧测量厚度

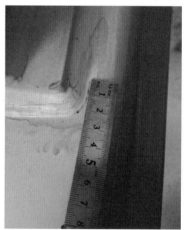

图 5-83 设备裂纹

5.3.2 陀螺系列检验案例

1. 山东某"欢乐风火轮"焊缝裂纹

2017 年 8 月，中国特种设备检测研究院对广东某制造单位制造、安装于山东省某游乐园内的一台"欢乐风火轮"设备进行定期检验。对其旋转臂端部焊缝进行磁粉探伤，初探 20% 时在 6 号臂焊缝上发现一处长约 15mm 的裂纹，裂纹已扩展至焊缝根部，直至焊缝全部打磨完方可消除缺陷，如图 5-84 所示。

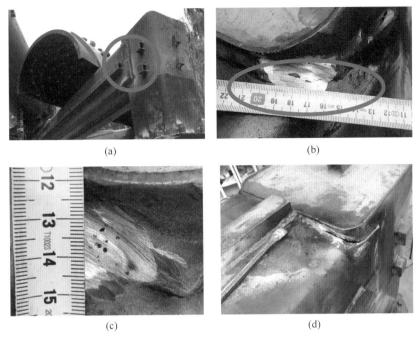

图 5-84　"欢乐风火轮"焊缝裂纹

(a) 缺陷位置示意图；(b) 裂纹长约 15mm；(c) 打磨后发现密集性气孔；(d) 焊缝全部打磨完方可消除缺陷

2. 陕西某"宇宙旋风"座椅支架制造质量缺陷

2017 年 11 月,中国特种设备检测研究院在对河北某制造单位制造、安装于陕西省某游乐园内的一台"宇宙旋风"设备进行定期检验时,发现设备座椅支架制造与设计图纸不符,如图 5-85 所示。

图 5-85　"宇宙旋风"座椅支架制造质量缺陷

(a) 座椅支架；(b) 气缸支座处采用点焊连接

3. 浙江某"极速风车"基础晃动

2018 年 6 月,中国特种设备检测研究院在对浙江某制造单位制造、安装于浙江省某游乐园内的一台"极速风车"进行定期检验时,发现设备基础整体连带整个设备运行时有异常晃动,如图 5-86 所示。

图 5-86　设备基础在设备运行时间隙的变化

4. 上海某"极速风车"安全压杠锈蚀

2019 年 1 月,中国特种设备检测研究院在对浙江某制造单位制造、安装于上海市某游乐园内的一台"极速风车"进行定期检验时,发现安全压杠管表面锈蚀严重,表面腐蚀处经打磨之后压杠管厚度减薄了 23.3%,如图 5-87 所示。

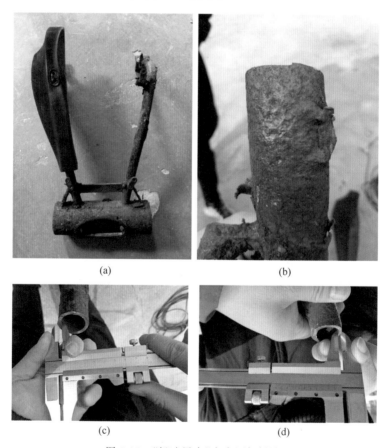

(a)　　　　　　　　　　(b)

(c)　　　　　　　　　　(d)

图 5-87　"极速风车"安全压杠锈蚀

(a) 压杠；(b) 压杠管表面腐蚀；(c) 压杠管原尺寸为 $\phi 32\mathrm{mm} \times 3.0\mathrm{mm}$；(d) 腐蚀后经过打磨的尺寸为 $\phi 32\mathrm{mm} \times 2.3\mathrm{mm}$

5. 山西某"极速风车"安全压杠联锁失效

2018 年 10 月,中国特种设备检测研究院在对浙江某制造单位制造、安装于山西省某游乐园内的一台"极速风车"进行定期检验时,发现如下问题:

（1）使用单位私自屏蔽安全压杠锁紧反馈线路，导致安全压杠锁紧与到位检测不能与设备启动联锁，如图 5-88 所示。

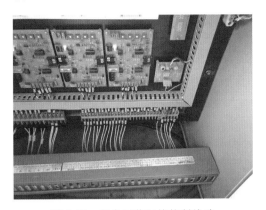

图 5-88　私自屏蔽短接控制线路

（2）发电机启动电瓶失效，救援超过 1h。

6. 安徽某"黑暗乘骑"舱体压杠锁固定板母材开裂

2020 年 5 月，中国特种设备检测研究院在对广东某制造单位制造、安装于安徽省某游乐园内的一台"黑暗乘骑"设备进行定期检验时，发现部分舱体压杠锁固定板母材开裂，共发现 4 处裂纹，最长的已贯穿筋板，分别如图 5-89 和图 5-90 所示。

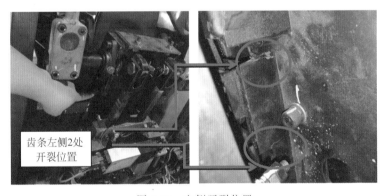

图 5-89　左侧开裂位置

图 5-90　右侧开裂位置

7. 重庆某"飞天之吻"救援方案失效

2020年5月，中国特种设备检测研究院在对浙江某制造单位制造、安装于重庆市某游乐园内的一台"飞天之吻"设备进行型式试验时，发现该设备出现机械卡死故障时，部分位置无法救援。为实现两个观光舱同步旋转，该设备通过新式的"观光舱1回转支撑—齿轮—万向节—减速机—15m长联轴器—电动机与减速器—15m长联轴器—减速器—万向节—齿轮—观光舱2回转支撑"进行同步旋转连接（见图5-91），其中任意一个节点机械卡死都会导致两个观光舱不能转动，该设计传动点较多且传动长度大，加大了机械卡死的可能性。另外，该设备在运转过程中，大约有100°范围内的设备观光舱处于悬崖外，因此不能采取泄压观光舱至近地面处进行救援，同时消防救援车也无法抵达该位置（见图5-92）。原始设计中厂家未考虑该风险。

图 5-91　电动机与联轴器布置图

图 5-92　无法进行救援的状况

5.3.3　转马类检验案例

1. 江苏某"情侣飞车"压杠控制系统不合理

2021年2月，中国特种设备检测研究院在对浙江某制造单位制造、安装于江苏省某游乐园内的一台"情侣飞车"设备进行定期检验时,发现该设备安全压杠控制系统逻辑不合理。操作台面板计时器倒计时结束后,转盘电动机失电,转盘在惯性作用下继续转动,此时操作台上控制压杠闭式油缸开闭的开关能实现闭式油缸的开闭动作,即在设备仍处于快速旋转的情况下,压杠能打开,存在较大的误操作隐患。在设备控制系统中,未将设备停稳作为压杠可以打开的必要条件,而是以计时器计时结束作为打开压杠的条件,是造成设备运转过程中能打开压杠的安全隐患。设备操作面板如图 5-93 所示。

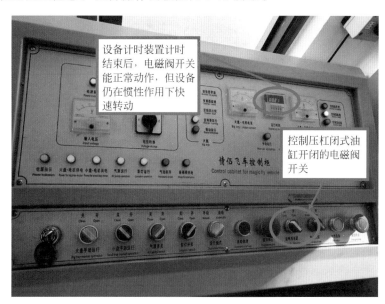

图 5-93　设备操作面板

2. 黑龙江某双层转马型式试验不合格

2020 年 6 月,中国特种设备检测研究院在对辽宁某制造单位制造、安装于黑龙江省某游乐园内的一台双层转马进行型式试验时,发现如下问题:

(1)上层旋转电动机进行急停试验时,电动机抱闸时减速器损坏,如图 5-94 所示;

(2)运行试验中,旋转齿轮磨损,如图 5-95 所示。

图 5-94　减速器损坏

图 5-95　齿轮磨损

3. 浙江某双层转马电缆磨损

2020 年 4 月,中国特种设备检测研究院在对浙江某制造单位制造、安装于浙江省某游乐园内的一台双层转马进行定期检验时,发现设备电缆与配电柜安装不当,未安装保护垫,运行一年后，造成电缆线绝缘层磨损，如图5-96所示。

图 5-96　电缆磨损位置

4．重庆某双层转马伞架安装螺栓断裂

2020年5月，中国特种设备检测研究院在对广东某制造单位制造、安装于重庆市某游乐园内的一台双层转马进行验收检验时，发现伞架安装螺栓断裂，如图5-97所示。

图 5-97　螺栓断裂

5.3.4　自控飞机类检验案例

1．江苏某自控飞机旋转电动机法兰连接断裂

2020年9月，江苏省特种设备安全监督检验研究院在对广东某制造单位制造、安装于江苏省南京市某游乐场内的一台自控飞机进行验收检验时，载荷试验过程中发出一声巨响，然后设备丧失旋转动力，检查发现旋转电动机坠地，电动机与平台连接法兰处断裂，如图5-98所示。

2．浙江某自控飞机座舱大臂提升气缸底轴逃脱挡块

2019年5月，浙江省特种设备科学研究院在对广东某制造单位制造、安装于温州市某游乐园内的一台自控飞机进行定期检验时，发现该设备多个座舱大臂提升气缸底轴有逃脱挡块，发生轴向侧移的趋势，如图5-99所示。

图 5-98　自控飞机旋转电动机法兰连接处断裂

图 5-99　自控飞机座舱大臂提升气缸底轴逃脱挡块

检查发现,气缸底轴防脱挡块与底轴的配合间隙过大,使底轴表面未得到充分润滑,在较大支承应力的作用下,发生周向转动,逐渐逃脱挡块。

5.3.5　其他类设备检验案例

1. 广东某遨游太空安全压杠严重锈蚀

2015 年 10 月,广东省特种设备检测研究院在对东莞市的一台观览车类大型游乐设施遨游太空进行年度检验时,发现其存在严重的安全隐患。

在现场检验中发现该设备的安全压杠存在严重锈蚀,并且个别压杠有断裂的现象,如图 5-100 所示。现场试验该结构的动作情况时,发现该压杠打开时无缓冲设计,其动作速度

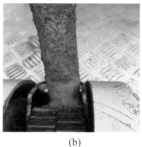
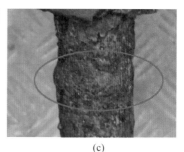

(a)　　　　　　　　　　　(b)　　　　　　　　　　　(c)

图 5-100　压杠根部

(a) 包裹处理的压杠根部;(b) 锈蚀部位;(c) 补焊痕迹

较快且会与限位挡块发生碰撞,为减缓碰撞冲击,使用单位在压杠近棘轮段用塑料管进行了简单包裹处理,但随之也产生了积水、锈蚀等问题。由于结构锈蚀导致管壁强度降低,加上长期运行产生的冲击将导致压杠部件变形甚至断裂。一旦在设备运行过程中,该结构发生断裂失效,则可能使乘客失去安全束缚而坠落。

2. 广东某"大力神"安全压杠锁紧失效

2022年1月,浙江省特种设备科学研究院在对广东某制造单位制造、安装于温州市某游乐园内的一台"大力神"设备进行定期检验时,发现该设备的安全压杠在误操作时未能可靠锁紧(即在压杠压紧过程中,其锁紧开关闭合先于压杠压紧感应),如图5-101所示。

图5-101 "大力神"安全压杠液压锁紧装置

"大力神"压杠采用液压锁紧,设计逻辑为压杠压紧到位,接近开关感应,操作人员关闭压杠锁紧开关,压杠才能可靠锁紧,接近开关感应先于压杠锁紧开关闭合。

在压杠压紧过程中,由于油缸活塞的移动速度快于液压油的虹吸速度或系统内漏,油缸内腔会存留部分空气,假如主操作人员关闭压杠锁紧开关先于接近开关感应,而此时副操作人员继续下压安全压杠,接近开关亦能感应压杠压紧到位,系统在确认压杠压紧到位信号后,也能正常开机,但此时乘客可以推开压杠,压杠也并未可靠锁紧。安全压杠锁紧确认开关如图5-102所示。

图5-102 "大力神"安全压杠锁紧确认开关

3. 浙江某"飞越极限"安全压杠插销未锁紧到位

2020年10月,浙江省特种设备科学研究院在对宁波市某公园内的"飞越极限"设备进行验收检验时,发现压杠已压紧到位,压杠检测开关显示正常,设备运行正常。但在检查压杠锁紧插销的锁紧位置和距离时,发现压杠锁紧插销有未插入和少量插入锁紧孔的现象,压杠实际上未锁紧,但压杠锁紧感应显示正常,此时设备仍能正常启动运行,如图 5-103 所示。另外,在对设备座舱的驱动齿轮进行磁粉检测时,发现齿长方向有裂纹缺陷,如图 5-104 所示。

图 5-103　"飞越极限"安全压杠插销未锁紧到位　　　　图 5-104　齿轮裂纹缺陷

4. 浙江某"双人飞天"大臂根部销轴移位

2019 年 3 月,浙江省特种设备科学研究院在对浙江某制造单位制造、安装于绍兴市某游乐园内的一台"双人飞天"设备进行定期检验时,发现该设备大臂右侧根部销轴向外移位,如图 5-105 所示。大臂根部销轴卡槽与挡块装配不良,轴身未得到充分润滑,大臂升降时带动该销轴旋转移位,挡块磨损后销轴向外松脱,如图 5-106 所示。

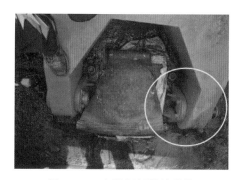
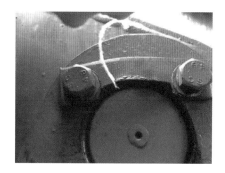

图 5-105　大臂根部销轴移位　　　　　　　　图 5-106　定位挡块损坏

第6章 升降类大型游乐设施检验案例

6.1　升降类大型游乐设施检验案例统计分析

本章对国内升降类大型游乐设施检验案例进行统计和分析。通过案例收集,共发现升降类游乐设施检验案例 33 个,其中太空梭 4 个、自由落体 1 个、跳楼机 1 个、飞行塔 1 个、青蛙跳 1 个、高空飞翔 12 个、摇头飞椅 12 个、星际战舰 1 个。案例统计结果详见图 6-1。

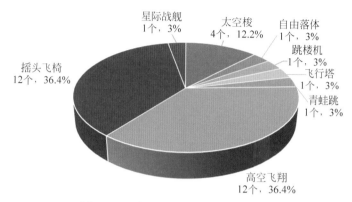

图 6-1　升降类游乐设施案例统计结果

分析失效原因发现,安全保护装置缺陷案例 9 个(主要包括安全联锁失效、应急救援装置损坏、二道保险失效、安全钳误动作、断绳保护装置缺失等)、焊接缺陷案例 8 个、标准件缺陷案例 6 个(主要包括活塞杆磨损严重、电动机齿轮碎齿、高强度螺栓松动、开口销安装不规范等)、其他缺陷案例 4 个(主要包括吊挂轴锈蚀、应急救援演练记录不当、导向轮开裂等)、电气缺陷案例 3 个、轴缺陷案例 3 个。失效原因统计详见图 6-2。

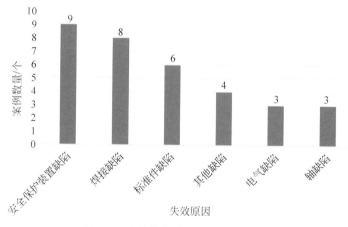

图 6-2　升降类游乐设施失效原因统计

从数据统计结果可以看出,升降类设备中高空飞翔和摇头飞椅发现的检验案例较多,占全部案例的 73%,同时也是近年来发生事故较多的大型游乐设施。从失效原因统计数据来看,安全保护装置缺陷案例、焊接缺陷案例和标准件缺陷案例占全部案例的 70%,可以看出安全保护装置缺陷、焊接缺陷和标准件缺陷是升降类游乐设施失效的最主要原因。

6.2 太空梭类设备检验案例

6.2.1 太空梭检验案例

1. 国外进口的某太空梭无损检测不合格

2016年7月，中国特种设备检测研究院在对国外某制造单位的太空梭进行无损检测时，发现立柱焊缝存在多处需要返修的超标缺陷，如图6-3所示。

图 6-3　立柱焊缝无损检测发现超标缺陷

2. 河南某太空梭气缸杆导向轮包胶龟裂

2017年11月，中国特种设备检测研究院在对广东某制造单位于2014年8月制造、安装于河南省辉县市某游乐园内的一台太空梭进行定期检验时，发现该设备气缸杆导向轮包胶龟裂，如图6-4所示。

3. 新疆某太空梭安全压杠二道保险装置失效

2021年2月，中国特种设备检测研究院在对新疆某制造单位于2016年8月制造、安装于新疆维吾尔自治区和田市某游乐园内的一台太空梭进行验收检验时，发现该设备安全压杠二道保险装置（其作用是在锁紧装置失效的情况下，安全压杠不会打开）在正常情况下不起作用，如图6-5所示。

图 6-4　气缸杆导向轮包胶龟裂

图 6-5　二道保险装置失效

4. 北京某自由落体应急救援装置损坏

2017 年 9 月，中国特种设备检测研究院在对北京某制造单位于 2008 年 2 月制造、安装于北京市某游乐园内的一台自由落体设备进行定期检验时，发现该设备的应急救援装置(电动推杆)损坏，在应急情况下无法完成救援，如图 6-6 所示。

西侧电动推杆

东侧电动推杆位置：
损坏未安装

图 6-6　设备两侧(电动推杆位置)对照图

5. 国外进口的某跳楼机轴肩裂纹

2019 年 10 月，中国特种设备检测研究院在对国外某制造单位制造的跳楼机"TOWER 96 S"进行无损检测时，发现该轴轴肩有 4 处裂纹，最大裂纹长度 12mm，深度 11mm，如图 6-7 所示。

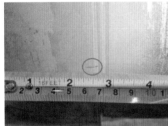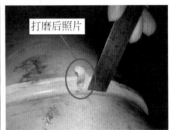

图 6-7　轴肩缺陷照片

图 6-8　裸露的凸出电极

6. 上海某飞行塔设备 220V 电极凸出裸露

2021 年 12 月，上海市特种设备监督检验技术研究院在对某景区内新装的飞行塔设备进行验收检验时，发现该设备在下方地面上有一排裸露的电极，经与生产单位现场负责人沟通确认，这一排 5 根电极中，既有 24V 供电体，也有 220V 供电体，220V 供电体直接裸露安装在地面且无任何防护措施，这种配电方案不符合电气安全规范，存在很大的触电风险，如图 6-8 所示。

6.2.2　青蛙跳检验案例

浙江某青蛙跳油缸泄漏

2019 年 1 月，浙江省特种设备科学研究院在对台州市某公园内的青蛙跳设备进行定期检验时，发现液压缸有大量白色液体喷涌而出，经确认为液压油乳化严重，如图 6-9 所示。主要原因是该设备长期停用，未定期维护保养，使雨水渗入油箱后液压油乳化，液压缸密封圈损坏后，造成液压油向外泄漏。

图 6-9　青蛙跳液压油乳化

6.3　高空飞翔类设备检验案例

6.3.1　高空飞翔类设备检验案例

1. 甘肃某高空飞翔座椅吊耳焊缝开裂

2016 年 7 月,中国特种设备检测研究院在对甘肃某制造单位于 2014 年 3 月制造、安装于甘肃省兰州市某游乐园内的一台高空飞翔设备进行定期检验时,经无损检测发现该设备座椅吊耳附近的焊缝存在多处裂纹,最大裂缝长度 12mm,如图 6-10 所示。

图 6-10　座椅开裂部位及裂纹情况

2. 陕西某高空飞翔旋转电动机齿轮破损

2018 年 11 月,中国特种设备检测研究院在对河北某制造单位于 2014 年 2 月制造、安装于陕西省安康市某游乐园内的一台高空飞翔设备进行定期检验时,发现该设备旋转电动机齿轮碎齿,如图 6-11 所示。

图 6-11　旋转电动机及齿轮碎齿情况

3. 四川某高空飞翔立柱钢管母材裂纹

2019 年 1 月,中国特种设备检测研究院在对四川某制造单位于 2019 年 9 月制造、安装于四川省成都市某游乐园内的一台高空飞翔设备进行无损检测时,发现该设备立柱钢管母材存在裂纹,如图 6-12 所示。

图 6-12　立柱钢管母材裂纹

4. 甘肃某高空飞翔座椅螺栓螺纹磨损严重

2019 年 10 月,中国特种设备检测研究院在对湖北某制造单位于 2017 年 5 月制造、安装于甘肃省庆阳市某公园内的一台高空飞翔设备进行定期检验时,发现该设备部分座舱吊链下部吊挂螺栓的螺纹磨损严重,螺栓无法紧固,如图 6-13 所示。

图 6-13　座舱吊链下部吊挂螺栓的螺纹磨损

5. 云南某高空飞翔安全钳误启动

2019 年 11 月,中国特种设备检测研究院在对河北某制造单位于 2019 年 3 月制造、安装于云南省广南县某游乐园内的一台高空飞翔设备进行型式检验和验收检验时,发现该设备由于安全钳频繁误启动,且钢丝绳防跳槽装置未与设备卷扬机转动联锁,造成钢丝绳跳槽后整体松脱,如图 6-14 所示。

6. 黑龙江某高空飞翔开口销安装不规范

2020 年 7 月,中国特种设备检测研究院在对辽宁某制造单位于 2019 年 5 月制造、安装

(a)　　　　　　　　　　　　　(b)

图 6-14　安全钳误动作引起的导轨划痕及钢丝绳跳槽

(a) 安全钳误动作引起的导轨划痕；(b) 钢丝绳跳槽

于黑龙江省齐齐哈尔市某游乐园内的一台高空飞翔设备进行验收检验时,发现该设备的开口销安装不规范,如图 6-15 所示。

图 6-15　开口销安装不规范

7. 山东某高空飞翔安全压杠联锁失效

2020 年 8 月,中国特种设备检测研究院在对北京某制造单位于 2016 年 5 月制造、安装于山东省青州市某游乐园内的一台高空飞翔设备进行定期检验时,发现该设备座椅锁紧装置锁舌不能正常弹回,安全压杠联锁装置失效,如图 6-16 所示。

8. 云南某高空飞翔转盘电动机输出轴断裂

2020 年 11 月,中国特种设备检测研究院在对河北某制造单位于 2019 年 3 月制造、安装于云南省广南县某游乐园内的一台高空飞翔设备进行定期检验时,发现该设备 4 台旋转电动机中有 2 台的输出轴发生断裂,如图 6-17 所示。

9. 陕西某高空飞翔断绳保护装置缺失

2021 年 3 月,中国特种设备检测研究院在对山东某制造单位于 2013 年 9 月制造、安装于陕西省西安市某公园内的一台高空飞翔设备进行定期检验时,利用无人机宏观检查发现该设备断绳保护装置的止动钩缺失,如图 6-18 所示。

图 6-16　座椅安全压杠联锁失效

图 6-17　旋转电动机输出轴断裂

图 6-18　断绳保护装置的止动钩缺失

10. 江苏某高空飞翔传感器安装位置错误

2021 年 8 月,中国特种设备检测研究院在对浙江某制造单位于 2020 年 1 月制造、安装于江苏省无锡市某游乐园内的一台高空飞翔设备进行定期检验时,发现该设备传感器位置安装错误,造成其在规定位置不能正常旋转,如图 6-19 所示。

图 6-19　高空飞翔传感器设备故障情况

图 6-20　钢丝绳与滑轮组传动组件失效

11．江苏某高空飞翔应急救援演练不当

2021 年 8 月，江苏省特种设备安全监督检验研究院在南京某生态园对高空飞翔设备进行定期检验，检验过程中对"事故状态疏导乘客措施"项目进行检验时，模拟钢丝绳断绳保护装置误动作，导致座舱滞留高空的事故状态。原因是使用单位应急救援方法错误，操作不当，将钢丝绳固定端解除，导致钢丝绳与滑轮组传动组件失效，无法将座舱从高空顺利疏导下来，如图 6-20 所示。

12．广东某高空飞翔安全压杠联锁装置失效

2021 年 5 月，广东省特种设备检测研究院在对广东省河源市某游乐场内的一台高空飞翔设备进行隐患排查时，发现该设备的曳引机转速检测开关线路失效，存在严重的安全隐患，如图 6-21 所示。

(a)　　　　　　　　　(b)　　　　　　　　　(c)

图 6-21　安全压杠联锁装置失效

(a) 曳引机驱动部分；(b) 速度检测线路被断开；(c) 压杠锁紧检测开关被屏蔽

6.3.2　摇头飞椅检验案例

1．天津某摇头飞椅定期检验不合格

2017 年 3 月，中国特种设备检测研究院在对北京某制造单位于 2011 年 6 月制造、安装于天津市某游乐园内的一台摇头飞椅设备进行定期检验时，发现该设备座椅吊挂处的销轴及 U 形扣锈蚀严重，如图 6-22 所示。

2．湖南某摇头飞椅定期检验不合格

2019 年 12 月，中国特种设备检测研究院在对广州某制造单位于 2018 年 8 月制造、安装于湖南省常德市某度假区内的一台摇头飞椅设备进行定期检验时，发现该设备座椅挡杆安全链快速接坏可以在不用工具的情况下手动打开，无法起到保险作用，如图 6-23 所示。

图 6-22　座椅吊挂处的销轴及严重锈蚀的 U 形扣

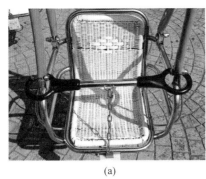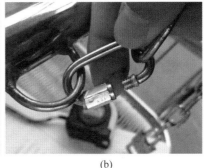

　　　　　　(a)　　　　　　　　　　　　　　　(b)

图 6-23　挡杆安全链快速接环无法起到保险作用

(a) 失效位置；(b) 失效状态

3. 贵州某摇头飞椅座舱吊挂二道保险钢丝绳脱扣

2020 年 1 月，中国特种设备检测研究院在对广州某制造单位于 2019 年 11 月制造、安装于贵州省贵阳市某公园内的一台摇头飞椅设备进行验收检验时，发现该设备座舱吊挂二道保险钢丝绳脱扣，在极限状态下无法起到保险作用，如图 6-24 所示。

图 6-24　座舱吊挂二道保险钢丝绳脱扣

4. 浙江某摇头飞椅桁架母材开裂

2020 年 2 月，中国特种设备检测研究院在对浙江某制造单位制造的一台摇头飞椅设备进行委托无损检测时，磁粉检测发现该设备桁架方钢母材焊缝存在超标的线性显示，如图 6-25 所示。

图 6-25　桁架方钢母材焊缝开裂

5. 辽宁某摇头飞椅验收检验不合格

2020 年 6 月，中国特种设备检测研究院在对广州某制造单位制造、安装于辽宁省大连市某游乐园内的一台摇头飞椅设备进行验收检验时，发现该设备存在满载试验时设备无法正常运行、焊缝表面有影响安全的焊接缺陷、制造误差大、随意加垫板、电气线路布置不规范、座椅之间安全距离不足、按下急停按钮后座椅之间产生碰撞等安全隐患。部分缺陷情况如图 6-26 所示。

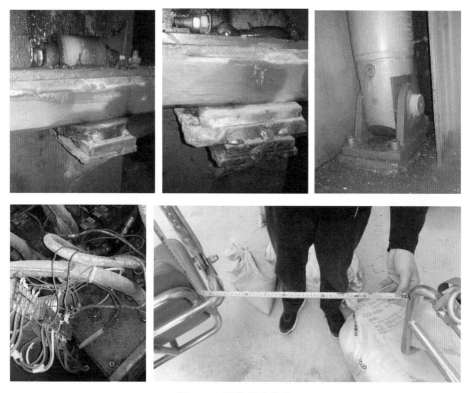

图 6-26　设备部分缺陷

6. 浙江某摇头飞椅座椅吊挂轴磨损超标

2016 年 6 月，中国特种设备检测研究院在对浙江某制造单位于 2004 年 12 月制造、安装于浙江省温州市某游乐园内的一台摇头飞椅设备进行定期检验时,发现该设备直径为20.00mm的吊挂轴,测量磨损后的最小直径为 19.58mm,磨损量为 0.42mm,磨损率为2.1%,超过标准要求的 0.8%,如图 6-27 所示。

图 6-27　吊挂轴实测直径

7. 浙江某摇头飞椅回转支承的高强度连接螺栓大面积松动

2017 年 3 月,浙江省特种设备科学研究院在对武汉某制造单位制造、安装于浙江省宁波市某游乐园内的一台摇头飞椅设备进行定期检验时,发现该设备回转支承内外两圈的高强度连接螺栓存有大面积松动现象,如图 6-28 所示。

图 6-28　回转支承的高强度连接螺栓大面积松动

8. 浙江某摇头飞椅油缸活塞杆表面异常磨损

2019 年 4 月,浙江省特种设备科学研究院在对武汉某制造单位制造、安装于台州市某游乐园内的一台摇头飞椅设备进行验收检验时,发现该设备油缸活塞杆表面有异常磨损及拉毛现象,磨损后的铁屑聚集在油缸上缸筒端盖表面,如图 6-29 所示。

图 6-29　油缸上缸筒端盖聚集的铁屑

9. 浙江某摇头飞椅二道保险钢丝绳断裂

2019年4月,浙江省特种设备科学研究院在对温州市某游乐场内的一台摇头飞椅设备进行定期检验时,发现座椅二道保险钢丝绳有断裂、断丝等现象,如图6-30所示。

10. 广西某摇头飞椅座椅骨架焊缝开裂

2018年5月,广西壮族自治区特种设备检验研究院在对某市的一台摇头飞椅设备进行检验时,发现其不锈钢座椅焊接处的热影响区断裂,如图6-31所示。

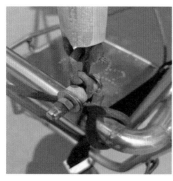

图6-30　二道保险钢丝绳断裂、断丝　　　　　　　图6-31　座椅骨架焊缝开裂

11. 重庆某摇头飞椅座椅主体结构裂纹

2020年6月15日,重庆市特种设备检测研究院在对武汉某制造单位于2013年7月制造、安装于重庆市某游乐园内的一台摇头飞椅设备进行定期检验时,发现如下缺陷与问题:

(1) 座椅不锈钢管焊接裂纹,如图6-32(a)所示;

(2) 座椅不锈钢管断裂,如图6-32(b)所示;

(3) 二次保护吊挂链条U形扣不匹配,如图6-32(c)所示。

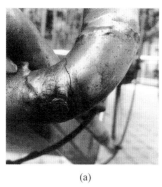

(a)　　　　　　　　　　　(b)　　　　　　　　　　　(c)

图6-32　座椅主体结构缺陷

(a) 座椅不锈钢管焊接裂纹;(b) 座椅不锈钢管断裂;(c) 二次保护吊挂链条U形扣不匹配

12. 新疆某摇头飞椅定期检验不合格

2021年4月23日,新疆维吾尔自治区特种设备检验研究院在对保定某制造单位于2015年制造、2017年泰州某厂移装至喀什市某游乐园内的一台摇头飞椅设备进行定期检验

时,发现如下问题:

(1) 中心座、回转体多处筋板根部焊缝开裂(最长可达50mm);

(2) 导向架各滚轮磨损严重;

(3) 导向架与轨道有刮擦现象;

(4) 限位开关位置不符合要求;

(5) 开机确认按钮位置不符合要求(装在控制室内);

(6) 电压表损坏;

(7) 日常检查记录作假。

部分缺陷情况如图6-33所示。

图6-33 多处焊缝开裂

6.4 其他升降类设备检验案例

江苏某星际战舰电气安装不符合规定

2021年8月,中国特种设备检测研究院在对浙江某制造单位于2014年5月制造、安装于江苏省常州市某游乐园内的一台星际战舰设备进行定期检验时,发现该设备配电室内有两组能耗制动单元,其中一组能耗电阻发热严重,另一组常温无发热,如图6-34所示。

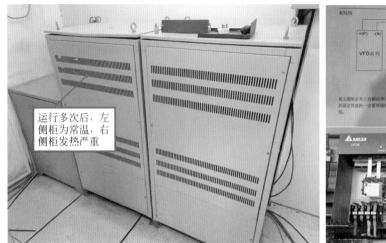

图 6-34　星际战舰电控箱及能耗电阻安装情况

第7章 水上、无动力及其他类大型游乐设施检验案例

7.1 水上、无动力及其他类大型游乐设施检验案例统计分析

本章对国内水上、无动力及其他类大型游乐设施检验案例进行统计和分析。通过案例收集，共发现检验案例 37 个，其中水上游乐设施水滑梯检验案例 17 个、无动力类游乐设施检验案例 19 个（滑索 9 个、高空蹦极 3 个、火箭蹦极 3 个、滑道 3 个、空中飞人 1 个）、其他游乐设施案例 1 个。案例统计结果详见图 7-1。

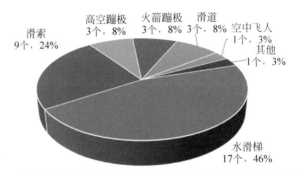

图 7-1　国内水上、无动力及其他类大型游乐设施检验案例统计结果

由于水上游乐设施和陆上无动力类游乐设施的区别较大，本章对水上游乐设施和陆上无动力类游乐设施分开统计和分析。水上游乐设施案例包括标准件缺陷案例 2 个、焊缝缺陷案例 4 个、安装质量缺陷案例 3 个、样机与设计不符案例 3 个、钢结构锈蚀案例 2 个、玻璃钢缺陷案例 2 个、电气缺陷案例 1 个。案例失效原因统计详见图 7-2。

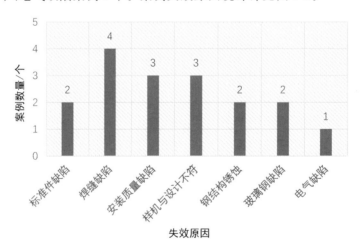

图 7-2　水上游乐设施失效原因统计

无动力类游乐设施案例包括样机与设计不符案例 6 个、钢丝绳及弹性绳缺陷案例 4 个、应急救援案例 2 个、不符合 42 号文规定案例 2 个、限速器缺陷案例 2 个（滑道）、其他案例 2 个、电气缺陷案例 1 个。案例失效原因统计详见图 7-3。

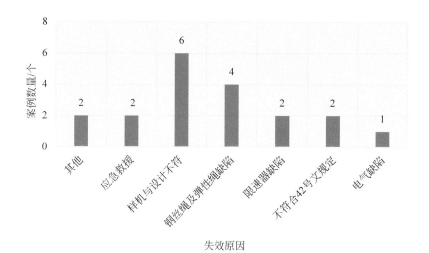

图 7-3　无动力类游乐设施失效原因统计

由图 7-2 可以得出，水上游乐设施中水滑梯的案例分布比较广，各种缺陷均有所涉及，其中焊缝缺陷、安装质量缺陷和样机与设计不符案例相对较多，这 3 种缺陷案例占案例总数的 58.8%，因此，对水滑梯应加强管理，提高施工和安装质量。无动力类游乐设施案例中，样机与设计不符合钢丝绳及弹性绳缺陷的案例占案例总数的 52.6%，所以这两方面应重点关注。此外，在本次案例收集过程中，还收到了 2 份不符合 2018 年国家市场监督管理总局对大型游乐设施乘客束缚装置安全隐患专项排查治理要求的案例。

其他游乐设施案例有 1 个，主要是氢气球球体表面破损后由使用单位自行粘补，粘补工艺与方法均不符合原制造厂家的要求。

7.2　水上游乐设施检验案例

1. 陕西某水滑梯验收检验不合格

2016 年 4 月，中国特种设备检测研究院在对四川某制造单位于 2015 年 10 月制造、安装于陕西省西安市某游乐园内的一台水滑梯进行验收检验时，发现该设备运营一段时间后，水滑梯出发站台掉落舱舱门闭合动作气缸支撑座断裂，如图 7-4 所示。

2. 贵州某水滑梯安装不规范

2018 年 8 月，中国特种设备检测研究院在对湖北某制造单位于 2018 年 7 月制造、安装于贵州省遵义市某游乐园内的一台水滑梯进行验收检验时，发现该设备存在螺栓安装质量差、焊缝塞钢筋、电气产品安装质量差等问题，其中部分问题如图 7-5 所示。

3. 贵州某水滑梯立柱钢管内部锈蚀严重

2018 年 8 月，中国特种设备检测研究院在对湖北某制造单位于 2016 年 10 月制造、安装于贵州省遵义市某游乐园内的一台水滑梯进行型式试验和验收检验时，发现该设备立柱钢管内部有积水，导致内部锈蚀严重，如图 7-6 所示。

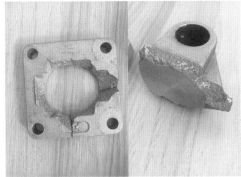

图 7-4　水滑梯出发站台掉落舱舱门闭合动作气缸支撑座断裂

图 7-5　水滑梯部分缺陷

图 7-6　立柱钢管内部锈蚀

4. 辽宁某水滑梯型式试验不通过

2019 年 6 月,中国特种设备检测研究院在对国外某制造单位于 2017 年 5 月制造、安装于辽宁省抚顺市某游乐园内的两组水滑梯进行型式试验时,发现水滑梯一试滑时,重体重的试滑人员出现较为严重的翻筏,部分甚至会在喇叭中倾覆。水滑梯二试滑时,轻体重的试滑人员会出现滞留,而重体重的试滑人员则会与出口处的侧壁碰撞,如图 7-7 所示。

图 7-7　试滑存在翻筏、滞留及碰撞问题

5. 某国外水滑梯无损检测不合格

2020 年 11 月,中国特种设备检测研究院在对某国外水滑梯钢结构进行委托无损检测时,发现该设备的钢结构存在焊缝气孔、夹渣、未熔合、焊缝超高、焊瘤、未焊满、焊缝宽度不齐、电弧擦伤、漏焊等焊接缺陷,其中部分问题如图 7-8 所示。

6. 湖南某水滑梯型式试验不通过

2021 年 5 月,中国特种设备检测研究院在对国外某制造单位于 2020 年 3 月制造、安装于湖南省长沙市某游乐园内的一台水滑梯进行型式试验时,发现该设备在试滑过程中为了降低皮筏速度,制造单位在水滑梯表面加了一些减速板,在滑道表面有明显突出,并且安装质量极差,存在逆向阶差、锐边、尖角,滑行区域的排水孔篦子安装质量差,低于滑行区表面,

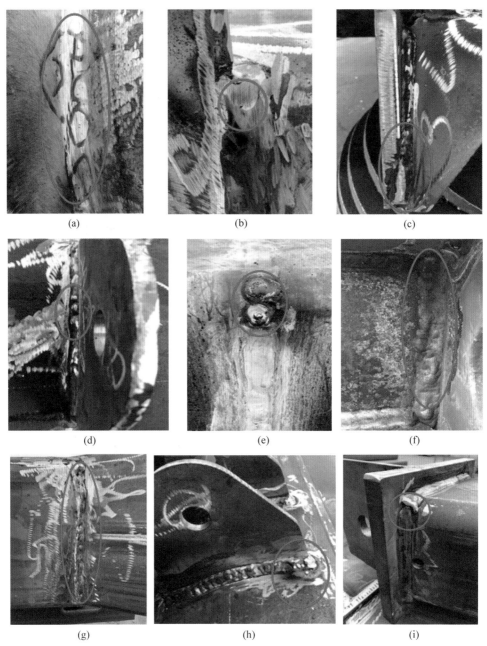

图 7-8　钢结构部分焊接缺陷

（a）密集气孔；（b）夹渣；（c）未熔合；（d）焊缝超高；（e）焊瘤；（f）未焊满；
（g）焊缝宽度不齐；（h）电弧擦伤；（i）漏焊

有锐边、尖角等安全隐患，其中部分问题如图 7-9 所示。

7. 湖北某水滑梯型式试验不通过

2021 年 5 月，中国特种设备检测研究院在对国外某制造单位于 2020 年 10 月制造、安装于湖北省襄阳市某游乐园内的一台水滑梯进行型式试验时，发现该设备在试滑过程中皮

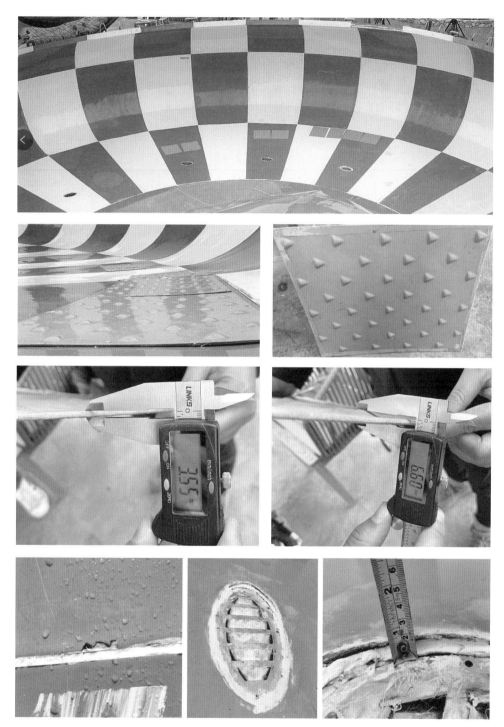

图 7-9　滑梯减速板设置不合理等问题

筏超过滑道边缘。为了降低速度，制造单位在水滑梯表面增加了一些减速条，在滑道表面有明显凸出，不符合《游乐设施安全技术监察规程（试行）》第十四条（四）1.条的要求，以及GB/T 18168—2017《水上游乐设施通用技术条件》中 4.2.3.1 的要求，如图 7-10 所示。

图 7-10　滑道表面增加的减速条

8. 上海某水滑梯型式试验不通过

2021 年 6 月，中国特种设备检测研究院在对国外某制造单位于 2021 年 5 月制造、安装于上海市某游乐园内的一台水滑梯进行型式试验时，发现水滑梯本体使用的亚克力材料未进行力学性能试验，试滑后法兰连接螺栓弯曲变形，如图 7-11 所示。

图 7-11　水滑梯使用亚克力材料，试滑后法兰连接螺栓弯曲变形

9. 河南某水滑梯玻璃钢变形

2021 年 6 月，中国特种设备检测研究院在对国外某制造单位于 2020 年 3 月制造、安装于河南省开封市某游乐园内的一台水滑梯进行型式试验时，发现该设备滑道玻璃钢本体凹陷，如图 7-12 所示。

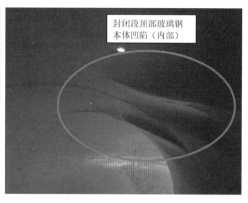

图 7-12　滑道玻璃钢本体凹陷

10. 湖南某水滑梯加强筋开裂

2021 年 8 月,中国特种设备检测研究院在对国外某制造单位于 2021 年 5 月制造、安装于湖南省长沙市某游乐园内的一台水滑梯进行型式试验时,发现该设备速度最大位置处的玻璃钢背面加强筋开裂,滑道溅落区前的敞开段及速度最大位置处的玻璃钢内表面有笼形畸变,玻璃钢法兰破损,如图 7-13 所示。

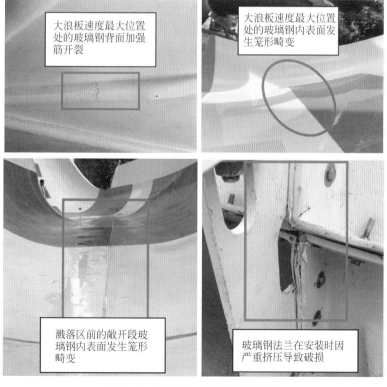

图 7-13　水滑梯加强筋开裂等问题

11. 浙江某水滑梯发射舱底板转动中心轴轴承座开裂

2020 年 7 月,浙江省特种设备科学研究院在对广东某制造单位制造、安装于湖州市某游乐园内的一台大回环滑梯进行验收检验时，发现该设备发射舱底板转动中心轴轴承座开裂，如图 7-14 所示。

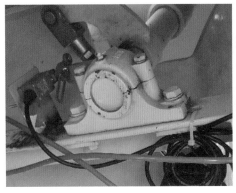

图 7-14　大回环滑梯发射舱转动中心轴轴承座开裂

进一步检查发现，开裂轴承座为铸铁材质，裂纹从上表面贯穿至轴承座底部，影响轴承座的紧固强度，对发射舱底板结构的稳定性及可靠性造成了一定影响。

12. 上海某水滑梯支撑结构焊缝质量差

2017 年 12 月，上海市特种设备监督检验技术研究院在对广州某水上游乐设施制造厂制造、安装于某室内游乐园的水滑梯进行验收检验时，发现支撑立柱和斜撑焊缝质量极差，严重不符合焊接工艺标准规定，如图 7-15 所示。

图 7-15　支撑立柱和斜撑焊缝

13. 江苏某水滑梯安装不规范

2021 年 7 月，江苏省特种设备安全监督检验研究院在对广东某公司制造、安装于江苏省某地的一台水滑梯进行验收检验时，发现该设备安全栅栏间隙过大，悬臂连接焊缝有裂纹，玻璃钢与托架安装定位存在偏差，如图 7-16 所示。

14. 黑龙江某水滑梯钢结构支架锈蚀严重

2020 年 6 月 24 日，黑龙江省特种设备检验研究院在对安装于黑龙江省牡丹江市某公园内的水滑梯进行定期检验时，发现如下缺陷和问题：

（1）支架焊缝锈蚀严重；

（2）地脚螺栓存在锈蚀；

图 7-16　水滑梯安装不规范

（3）接地导通不良；

（4）无下滑姿势指示图；

（5）备件未及时清理，堆放于电气柜内；

（6）低压变压器未连接。

其中部分问题如图 7-17 所示。

图 7-17　水滑梯存在的部分问题

15. 黑龙江某水滑梯定期检验不合格

2021年5月18日,黑龙江省特种设备检验研究院在对安装于黑龙江省哈尔滨市松北区的一台水滑梯进行定期检验时,发现以下问题:

(1) 控制柜下积水严重,电线浸入水中,接地失效,如图7-18(a)所示;

(2) 未配置对应滑道的下滑姿势示意图,如图7-18(b)所示;

(3) 在滑梯槽边缘加装照相装置和显示屏,不满足安全距离要求,如图7-18(c)所示;

(4) 皮筏提升装置附近未设置警示及禁止进入标识,如图7-18(d)所示。

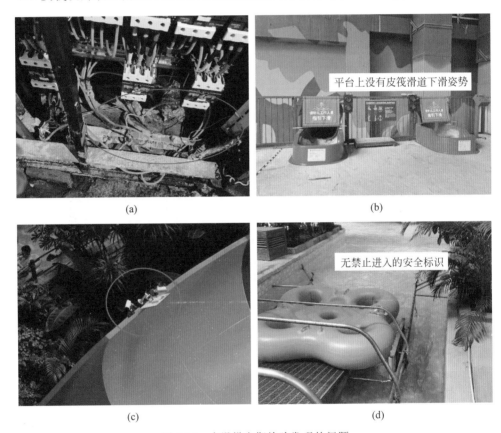

图7-18 水滑梯定期检验发现的问题

16. 广西某水滑梯检验不合格

2016年6月,广西壮族自治区特种设备检验研究院在对某市水上游乐设施(彩虹滑梯、大喇叭滑梯等)进行检验时,发现如下缺陷:

(1) 水滑道托架与立柱横梁连接时采用了不可靠的塞焊形式,如图7-19(a)所示;

(2) 玻璃钢存在裂纹、破损现象,如图7-19(b)所示;

(3) 乘人皮筏有磨损或破损,如图7-19(c)所示;

(4) 设备的基础有沉降,如图7-19(d)所示。

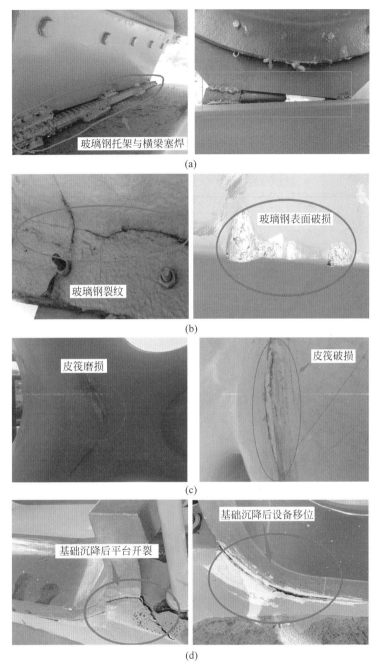

图 7-19　水滑梯检验发现的缺陷

17. 新疆某水滑梯支架方管内积水结冰后开裂变形

2017 年 8 月，新疆维吾尔自治区特种设备检测研究院在对广州某制造单位于 2013 年制造、安装于新疆呼图壁县某景区内的水滑梯进行定期检验时，发现一立柱支架多个方管开裂变形，原因是方管下端未开排水孔，积水后因新疆冬季气温太低结冰膨胀后发生了开裂变形，如图 7-20 所示。

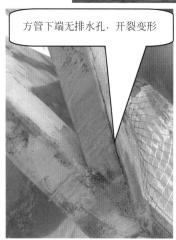

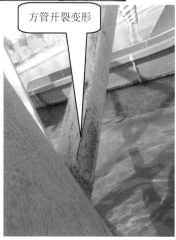

图 7-20　水滑梯支架方管内积水结冰后开裂

7.3　无动力类设备检验案例

7.3.1　蹦极检验案例

1. 火箭蹦极检验案例

（1）广东某火箭蹦极钢丝绳与安装卡槽干涉

2019 年 8 月，中国特种设备检测研究院在对山东某制造单位于 2018 年 11 月制造、安装于广东省佛山市某公园内的一台火箭蹦极设备进行验收检验时，发现该设备钢丝绳与安装卡槽干涉接触，运行时产生异响，如图 7-21 所示。

（2）广东某火箭蹦极基础不合格

2020 年 9 月，中国特种设备检测研究院在对山东某制造单位于 2020 年 8 月制造、安装于广东省佛山市某公园内的一台火箭蹦极设备进行验收检验时，发现该设备基础设计时为混凝土浇筑，实际为钢结构平台，部分区域为玻璃平台，钢结构平台多处锈蚀严重，焊缝存在肉眼可见的缺陷，如图 7-22 所示。

（3）辽宁某火箭蹦极蓄能器弹簧断裂

2021 年 5 月，中国特种设备检测研究院在对山东某制造单位于 2009 年 10 月制造、安

图 7-21　火箭蹦极钢丝绳与安装卡槽干涉

图 7-22　火箭蹦极基础问题

装于辽宁省沈阳市某公园内的一台火箭蹦极设备进行定期检验时,发现该设备蓄能器内圈弹簧断裂 19 根,如图 7-23 所示。

2. 高空蹦极检验案例

(1)山西某高空蹦极应急救援能力不足

2019 年 9 月,中国特种设备检测研究院在对上海某制造单位于 2015 年 10 月制造、安装于山西省长治市某公园内的一台高空蹦极设备进行定期检验时,发现该设备存在如下问题:

① 部分老教练员证书过期,新教练员经验不足且不具备救援能力;

② 卷扬机钢丝绳防脱装置及卷扬机高度限位器失效,如图 7-24(a)所示。

图 7-23　火箭蹦极蓄能器弹簧断裂

(a)　　　　　　　　　　　　　　　　(b)

图 7-24　卷扬机无钢丝绳防脱装置及整改后

(a) 卷扬机无钢丝绳防脱装置及卷扬机高度限位器失效；(b) 整改后增加的导绳器

（2）重庆某高空蹦极弹跳绳损坏严重

2021 年 10 月，中国特种设备检测研究院在对河北某制造单位于 2021 年 9 月制造、安装于重庆市某公园内的一台高空蹦极设备进行型式试验时，发现由于操作员操作失误，导致弹跳绳缠绕在换向装置上，假人试跳时弹跳绳损坏严重，如图 7-25 所示。

（3）山东某高空蹦极主要受力零部件更换不规范

2021 年 6 月，中国特种设备检测研究院在对河北某制造单位于 2018 年 4 月制造、安装

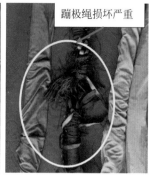

图 7-25　蹦极绳损坏严重

于山东省青岛市某游乐园内的一台高空蹦极设备进行定期检验时，发现使用单位随意更换蹦极设备主要受力部件，使用未经试验验证的扁带。

7.3.2　滑索检验案例

1．湖北某滑索安全束缚装置不符合市特监〔2018〕42 号文规定

2019 年 4 月，中国特种设备检测研究院在对浙江某制造单位于 2017 年 12 月制造、安装于湖北省武汉市某景区内的一台滑索进行型式试验时，发现滑索束缚装置原设计为两点式安全带，乘客能自己打开，不符合市特监〔2018〕42 号文的规定，如图 7-26 所示。

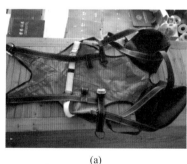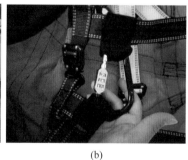

(a)　　　　　　　　　　　　　　(b)

图 7-26　滑索乘客束缚装置

(a) 原设计：乘客可以自己打开安全带；(b) 现设计：胸前增加了密码锁扣，乘客无法解开安全带

2．福建某滑索承载索钢丝绳断丝

2021 年 11 月，中国特种设备检测研究院在对河南某制造单位于 2019 年 11 月制造、安装于福建省漳州市某景区内的一台滑索进行定期试验时，发现该滑索存在如下问题：

(1) 钢丝绳有断丝、局部压扁现象。钢丝绳直径合格证上为 15.5mm，现场实测钢丝绳直径为 15.19mm，压扁位置实测值为 13.10mm，如图 7-27(a) 所示。

(2) 乘坐物安全绳、带到期未更换，安全带二道保险绳磨损开股，如图 7-27(b) 所示。

3．内蒙古某滑索缓冲装置"Zip-Stop"缓冲车结构设计不合理

2021 年 6 月，中国特种设备检测研究院在对河南某制造单位于 2020 年 11 月制造、安装于内蒙古自治区额尔古纳某景区内的一台滑索进行型式试验时，发现该滑索缓冲装置"Zip-Stop"缓冲车存在如下问题：

(a)

(b)

图 7-27　滑索承载索钢丝绳断丝

（a）钢丝绳有断丝、钢丝绳合格证的直径不符；（b）安全带二道保险绳磨损开股

（1）缓冲车强度不足，有变形现象；

（2）缓冲车冲击大，螺栓防松形式不可靠；

（3）防脱螺栓有异常磨损现象，如图 7-28（b）所示；

（4）"Zip-Stop"绳索悬挂点所用扣环运行试验后有变形现象，如图 7-28（c）所示；

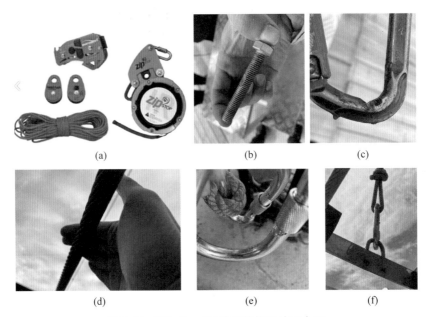

(a)　　　　　　　　　(b)　　　　　　　　　(c)

(d)　　　　　　　　　(e)　　　　　　　　　(f)

图 7-28　"Zip-Stop"缓冲车结构设计不合理

（5）滑车结构不合理，导致承载索磨损，如图 7-28(d)所示；

（6）座带吊挂扣环试验后有变形现象，如图 7-28(e)所示；

（7）连接绳索点采用了钢筋搭接焊接方式，不可靠，如图 7-28(f)所示。

4．北京某滑索载客装置中受力结构设计不合理

2021 年 11 月，中国特种设备检测研究院在对北京某制造单位设计的一台"四人飞雁"设备进行设计鉴定时，发现该载客装置中的受力结构设计不够合理，具体为：

（1）该设备的滑具结构复杂，主要由滑车、连接杆、承载连接支、回转支承、载具连接支、载具支撑架、吊带连接组件、专用吊带护具等部件组成。在载具连接支（具体连接局部为两片厚 5mm 的耳板）与载具支撑架（具体连接局部为 $\phi89mm\times4mm$ 的钢管）之间通过 3 个 M12 铰制孔螺栓连接，相应的耳板与钢管上均钻有 $\phi13(+0.1\sim+0.2)mm$ 的孔，钢管夹在两片耳板之间，夹紧后二者为线接触状态。由于铰制孔螺栓受剪并对孔壁产生挤压应力，特别是钢管壁厚仅为 4mm，长时间承受挤压将导致圆孔拉长，使该处连接松旷。

（2）3 个铰制孔螺栓均规定了拧紧力矩，但防松措施使用弹簧垫圈，在规定的拧紧力矩下易失效，防松措施不可靠，如果螺栓脱离将使其下连接的载具支撑架掉落，产生安全隐患。

（3）载具支撑架上连接主管 $\phi89mm\times4mm$ 与连接支管 $\phi57mm\times4mm$ 之间的焊缝受拉、受剪，焊高仅为最小管壁厚度（4mm），失效后存在安全隐患。

设备结构如图 7-29 所示。

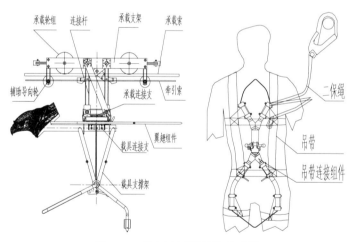

图 7-29　"四人飞雁"结构示意图

5．上海某滑索应急演练有名无实

2020 年 12 月，上海市特种设备监督检验技术研究院在对某网红酒店所属游乐区内的滑索进行首次定期检验时，询问使用单位工作人员应急演练的相关事项，通过查阅使用单位工作人员提供的几套方案，并询问现场的工作人员后，检验人员判断其中的一些救援方案存在缺陷，遂要求使用单位工作人员现场进行演练以确定方案的有效程度。

检验人员现场观察使用单位按照既定的救援方案进行应急救援演练时，存在现场作业人员对设备特性不了解，对救援的配套设施应用不熟悉，救援过程中救援人员自身的安全保护不到位等问题。尤其令人费解的是，载客装置的小车在两根钢丝绳上移动，而承载救援人

员的小车却挂在单根钢丝绳上移动,显而易见在救援过程中,救援载具的稳定性和安全性都不如原承载装置。

6．江苏某滑索束缚装置不合格

2020年1月,江苏省特种设备安全监督检验研究院在对南通某公司制造、安装于扬州市某游乐园内的一台滑索进行安装验收检验时,发现该设备存在如下问题:

（1）乘客束缚装置未按市特监〔2018〕42号文要求整改;

（2）钢丝绳绳夹安装错误;

（3）钢丝绳锈蚀。

设备的具体问题如图7-30所示。

图7-30　滑索问题

7．黑龙江某滑索定期检验不合格

2020年8月3日,黑龙江省特种设备检验研究院在对安装于黑龙江省哈尔滨市某单位的滑索进行定期检验时,发现如下缺陷与问题:

（1）下滑方式变更为非惯性下滑,电动助力拉动小车下滑,与设计说明书和型式试验报告不符;

（2）钢丝绳绳卡锈蚀严重;

（3）支架焊缝锈蚀严重;

（4）无运行检查维护记录。

部分缺陷情况如图7-31所示。

图7-31　滑索存在的缺陷

图 7-31　（续）

8. 重庆某滑索定期检验不合格

2019 年 8 月 20 日,重庆市特种设备检测研究院在对河南某制造单位于 2018 年 7 月制造、安装于重庆市某游乐园内的一台滑索设备进行定期检验时,发现如下缺陷与问题:

（1）未在乘客易于观察的显著位置张贴乘客须知;

（2）上站台安全防护网的长度不符合要求;

（3）回收钢丝绳绳端固定绳卡的数量不符合要求;

（4）滑索与障碍物(树枝)的距离不符合要求;

（5）乘坐物腰部安全带破损;

（6）滑车回收装置防过卷开关失效;

（7）风速仪失效。

9. 广东某滑翔飞艇三角定滑轮磨损严重和轴承爆裂

2021 年 1 月,广东省特种设备检测研究院在对中山市某公园内的滑翔飞艇设备进行定期检验时,发现牵引钢丝绳的三角定滑轮磨损严重,轴承爆裂,如图 7-32 所示。

7.3.3　滑道检验案例

1. 浙江某管式滑道限速器限速效果不明显

2017 年 5 月,中国特种设备检测研究院在对浙江某制造单位于 2010 年 4 月制造、安装于浙江省杭州市某公园内的一台管式滑道设备进行定期检验时,发现限速器弹簧刚度偏大,限速范围和限速效果不明显,如图 7-33 所示。

2. 河南某双轨滑道侧向加速度超出设计值

2021 年 5 月,中国特种设备检测研究院在对河南某制造单位设计的一台双轨滑道设备进行设计鉴定时,发现该滑道侧面加速度超过 $0.5g$,束缚装置设计时未做特殊考虑,不符合 GB 8408—2018《大型游乐设施安全规范》中的 6.8.3.2 条款 d)"侧面加速度,如持续的侧面加速度大于或等于 $0.5g$ 时,座位、靠背、头枕、护垫等设计应做特殊考虑。"

图 7-32 "滑翔飞艇"三角定滑轮磨损严重和轴承爆裂

（a）"滑翔飞艇"设备；（b）定滑轮轮沿磨损严重（出发平台）；（c）定滑轮轴承爆裂（塔架平台）

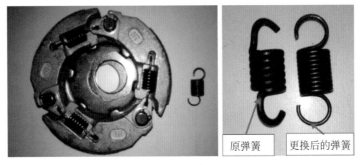

图 7-33 管式滑道限速器

3. 陕西某双轨滑道型式试验不通过

2021 年 6 月,中国特种设备检测研究院在对河南某制造单位于 2021 年 6 月制造、安装于陕西省榆林市某景区内的一台双轨滑道设备进行型式试验时,发现该台设备存在如下问题:

(1) 限速器选型错误,原设计最大运行速度为 27km/h,实测最大运行速度达 33km/h;

(2) 滑车在滑行段停放时,不能处于制动状态;

(3) 安全带不能有效束缚全部体重范围的乘客;

(4) 轨道支板与轨枕的连接焊缝多为单面焊接,或呈断续、点焊现象;

(5) 后轮架与车架焊接存在质量问题,有漏焊、开裂现象。

部分问题如图 7-34 所示。

图 7-34 双轨滑道部分问题

7.4 其他类设备检验案例

1. 重庆某"峡谷穿越"(空中飞人)型式试验不通过

2020 年 4 月,中国特种设备检测研究院在对河北某制造单位于 2020 年 3 月制造、安装于重庆市某景区内的一台"峡谷穿越"设备进行型式试验时,发现实际运行工况与设计存在较大差异,以及满载试验后钢丝绳打折,如图 7-35 所示。

2. 浙江某"氦气球"定期检验不合格

2020 年 9 月,中国特种设备检测研究院在对浙江某单位使用的一台"氦气球"进行定期检验时,发现球皮表面有破损后修补的痕迹。经确认是由于大风导致球体与地面售票厅的

图 7-35 "峡谷穿越"问题

尖角发生了剐蹭，球体表面破损后由使用单位自行粘补，粘补工艺与方法均不符合原制造厂家的要求，如图 7-36 所示。

图 7-36 氦气球现场照片

第8章 应力、加速度测试案例

8.1 应力测试案例

1. 浙江某悬挂过山车应力测试超标

2020年，中国特种设备检测研究院在对安装于浙江省某游乐园内的一台悬挂过山车（见图8-1）进行应力测试时，发现检测应力数据远大于设计要求。具体情况为：第一次测试时，悬挂车2号吊架的应力测试值为131.78MPa，计算最大值为42.3MPa，实测值是计算值的3.1倍；第二次测试时，悬挂车2号吊架的应力测试值为118.14MPa，计算最大值为42.3MPa，实测值是计算值的2.8倍。

图8-1 悬挂过山车及应力检测贴片位置

据制造企业分析，该问题是由于悬挂车吊架的结构形式设计不当所致，最后制造企业采取了改进、优化悬挂车吊架结构形式的方法予以解决。

2. 新疆某同类飞行影院应力测试结果偏差过大

2021年5月，中国特种设备检测研究院在对台湾某企业制造、安装于新疆维吾尔自治区某游乐园内的一台飞行影院类设备进行应力测试，在对两台相同设备的相同位置进行应力测试时发现第2台设备与第1台设备相比，底座、立柱处的应力测试值相差过大。

经分析后认为，这是由于第2台设备安装时，与底座相连的3个支撑轮压紧在轨道上，不符合支撑轮与轨道间留有间隙的安装要求，导致座舱旋转时支撑轮受力过大，由于支撑轮—轮架—底座—立柱的力值传递影响，使底座、立柱在座舱旋转过程中受到较大的冲击，应力较大。

之后，按照安装要求对第二台设备的支撑轮进行了调整，使支撑轮与轨道间留有一定的间隙，调整后底座、立柱的应力测试值与第一台设备一致。

8.2 加速度测试案例

1. 江苏某"波浪翻滚"加速度测试结果超标

2021年9月，中国特种设备检测研究院在对安装于江苏省南京市某游乐园内的一台进口"波浪翻滚"设备(见图 8-2)进行加速度检测时,发现该设备 X 方向的设计加速度与实测值相差较大。后经与设备制造企业人员沟通,发现是由于设计阶段,载荷计算、动力学仿真时对 X 方向的加速度仿真错误,导致加载游乐设施人体坐标系 X 方向时出错,正负向相反造成的。

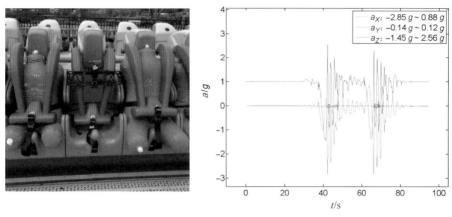

图 8-2 "波浪翻滚"及其加速度

2. 广东某"摇摆船"加速度测试结果超标

2021 年 9 月,中国特种设备检测研究院在对中山某制造企业制造的一台名为"摇摆船"的设备进行厂内型式试验时,发现加速度测试报告显示该设备的加速度为 5 区设备,与原设计加速度区域 1 区的情况严重不符。

参 考 文 献

［1］ Themed Entertainment Association. TEA/AECOM 2019 Theme Index and Museum Index：The Global Attractions Attendance Report［R/OL］，(2022-05-10)［2022-09-15］. https：//www. waitang. com/report/26932. html.

［2］ 国家市场监督管理总局.市场监管总局关于 2021 年全国特种设备安全状况的通告［R/OL］，(2022-05-10)［2022-09-15］. https：//gkml. samr. gov. cn/nsjg/tzsbj/202204/t20220419_341377. html.

［3］ 宋伟科，马宁.国内大型游乐设施安全水平研究［J］.中国特种设备安全,2021,37(12)：25-28.